日本貓名醫全面解析從叫聲、相處到身體祕密的
130篇喵喵真心話

當然問貓才清楚！

山本宗伸 監修
連雪雅 譯

前言

喵友們，大家好。
各位會翻閱這本書
應該是在生活中碰到問題
或是對於「貓」這個生物
有所疑問對吧。
問主人也得不到答案，
關於貓的事，還是問貓最清楚了。
所以請儘管發問，我會好好回答。

從正確的貓語用法
到邀玩的方法、
本能行為中隱藏的祕密，
以及有用又實用的雜學等，
各種大大小小的疑問
我都會一一進行仔細的解說。
對了，閱讀本書時請偷偷看，
別被主人發現！
希望各位都能度過一個
充實愉快的「貓生」。

貓博士
山本宗伸

貓弟 · ♂

出生3個月的小貓，天真無邪，不諳貓事。

貓博士 · ♂

熟知貓咪所有大小事的學者。

貓吉・♂

4歲，滿腦子無時無刻只想著吃。

貓爺・♂

高齡15歲的長壽貓，總是一派淡定從容。

貓姐・♀

2歲，精明能幹，偶爾態度強硬。

貓哥・♂

4歲，看似我行我素，其實很體貼。

浪浪・♂

6歲，不拘小節、隨心所欲的流浪貓。

CONTENTS

第3章
貓式溝通 ～貓與貓～

第4章
謎樣行動

第5章
身體的祕密

第6章
貓雜學

本書的使用方法

方便閱讀的一問一答方式，
由貓博士為喵友們解答疑問。

貓奴小叮嚀

喵友們可以省略這個部分（貓奴們請偷偷看就好！）。

貓的疑問

從個性到習性等，逐一列舉日常生活中的大小疑問。

#（標註）

關鍵字的標註，請搭配INDEX（P188之後）的索引。

貓博士的回答

針對喵友們的疑問，一一給予詳細的解答。

更加詳盡的說明！

Column

深入探討和疑問有關的內容，有興趣的喵友不妨讀一讀。

還有總複習隨堂考

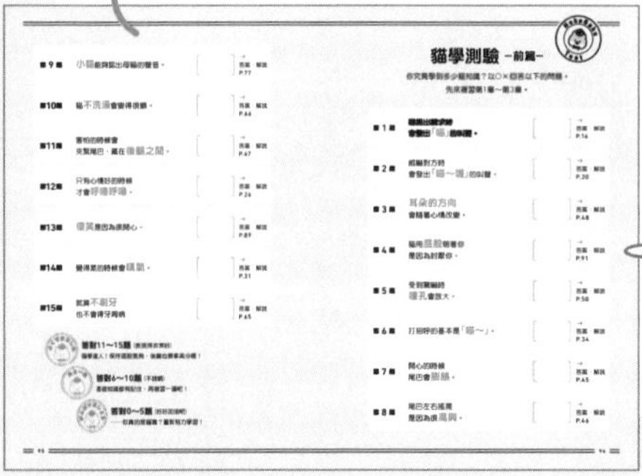

貓學測驗

前篇是1～3章，後篇是4～6章，請以滿分為目標好好加油！

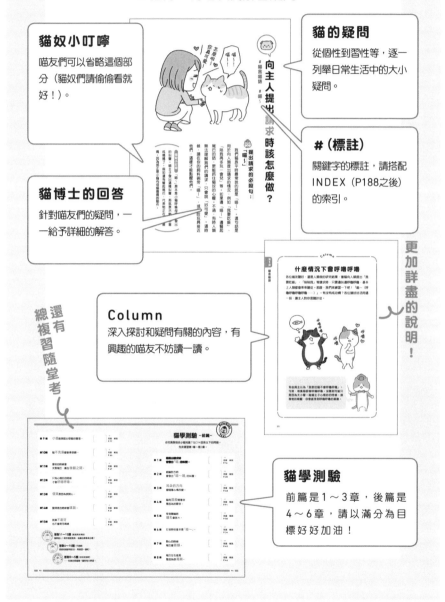

第1章

喵言喵語

為了確實傳達我們的感受，
請好好學習正確的「喵語」用法。

向主人提出請求時該怎麼做？

#喵言喵語　#喵～

提出請求的必殺句：「喵～」

我們貓族平時最常說的就是「喵～」。這句話是用於向人類提出請求的情況，例如「我要吃飯」、「陪我再多玩一會兒」等。如果邊「喵～」邊豎起尾巴的話，更能抓住貓奴的心喔。不過，有時人類無法理解我們的請求，只會說「好可愛」。這時候，請在你的飼料碗旁「喵～」，或是咬玩具接近他們，這樣才能點醒他們。

貓奴小叮嚀

「喵～」原本是小貓呼喚母貓時發出的叫聲。喵主子發出這種叫聲，那就表示牠把你當成媽媽了。假如還有豎起尾巴，代表牠正在向你撒嬌，因為那正是小貓向母貓撒嬌的動作。

Column

「喵～」的用法

「喵～」是非常好用的一句話。小貓們，請先學會如何巧妙使用「喵～」這句話。站在你的碗碗前「喵～」，主人就會知道你要吃飯飯。站在門前「喵～」就是「幫我開門」，站在水龍頭前「喵～」就是「我要喝水」。不過，太常「喵～」可不行。

如果三不五時就「喵～」，主人會搞不懂你到底想要什麼，請在必要時刻才「喵～」。

我胖歸胖，也算是型男吧？所以每次叫都能討到點心。可是，不知道從何時開始，主人不再給我點心了……。沒關係，我自有辦法。我使出ㄋㄞ功，用甜甜的聲音「喵～」。主人一聽立刻融化，誇我是「小可愛」，我也順利討到點心囉！即使是相同的叫聲，改變抑揚頓挫或聲音的高低就會有很棒的效果。是說，點心真的好好吃。

發現獵物時，發出不同的聲音

#喵言喵語　#呿　#嘎嘎

「呿」代表狩獵時的興奮心情

看到小蟲子等獵物，或是和主人玩得正嗨，準備衝向玩具時，就會發出「呿」的聲音。沒錯！聽起來就像人類的「嘖」。雖然是不經意發出的聲音，其實那並不是叫聲，而是從鼻子噴出的鼻息。我們貓族在極度興奮的情況下，就會忍不住發出這樣的聲音。這也是「好～我要來抓獵物囉！」的情緒表現。

貓奴小叮嚀　相中獵物時，貓也會發出「嘎嘎」的叫聲，那是比「呿」更興奮的狀態。總算找到尋找已久的獵物或玩具時，貓主子因為滿心歡喜，不禁脫口而出的「嘎嘎」，也相當於「耶！找到了！」的意思。

我很生氣！

#喵言喵語　#嘶～

怒瞪對方，發出「嘶～」的聲音

我們貓族有著強烈的地盤意識。一旦外來者入侵自己的地盤，肯定會發火。這時候，絕對要卯起來「嘶～」地趕走對方，讓對方知道「不准過來這兒！」，嚇阻對方繼續接近。露出尖牙、豎起全身的毛，這樣效果更好喔！

順帶一提，這個舉動就連剛出生的小貓不必練習也做得到。這是貓的本能，必要時請試一試。

貓奴小叮嚀 假如聽到貓發出「嘶～」的聲音，千萬別出手制止。因為貓正處於亢奮的狀態，即使是最愛的主人，有時也會挨貓拳。這時候就別管牠，反正過一會兒就沒事了。

如何嚇退其他貓？

#喵言喵語　#喵～喔　#嗚～

用「喵～喔」或「嗚～」耍狠，展現超強氣勢

假如發出「嘶～」的聲音，對方仍不退讓，那就更狠一點，從喉嚨深處發出怒吼，以氣勢壓制對方，宣告「我真的火大了！你再不閃，我就要發動攻擊囉」。我們貓族其實不愛打架，畢竟打架沒好處。藉由嗆聲了解彼此的實力，要是發現贏不了對方就自動快閃。所以遇到比自己強的貓，還是走為上策。

貓奴小叮嚀　貓會打架是因為彼此勢均力敵，光靠嗆聲無法一分高下。既然發出「喵～喔」或「嗚～」的叫聲都不管用，那就以貓拳拼個輸贏。此時若擅自介入，小心會受傷喔！

Column

好貓不二鬥！

在貓界，打架是非不得已的手段，在此說明一下架該怎麼打。先做好功課，以免受不必要的傷。快打起來的時候，如果覺得「我贏不了這傢伙！」，請蹲下盡量放低姿態。這麼一來，對方（只要不是難纏的傢伙）就不會再進行攻擊。而且，往後也不會再找對方打架。察覺氣氛不妙時，閃就對了。好貓不二鬥，這是我們貓界的規矩。

嬌生慣養的家貓想必不知道，咱們「浪浪」雖然有地盤意識，卻沒有明確的界線。因為地狹貓多啊。所以，我得和其他貓共用部分的地盤。在共用的地盤偶遇時，基本上都會裝作沒看見彼此。如果硬要為此打架，只是拿體力換來餓肚子而已。

覺得害怕時該怎麼做……?!

#喵言喵語　#gya～!

用力大叫「gya～」

在打架過程中，被拉扯或被咬，感到害怕或痛苦時會發出「gya～」的叫聲。被人類踩到尾巴時也會這麼叫。用力大叫，讓對方知道「好痛！快住手！走開」。小貓們請牢牢記住這件事。兄弟姐妹打鬧玩耍時，要是對方這麼叫，表示咬得太用力了，那已經超出玩耍的程度，請控制咬的力道。

貓奴小叮嚀　貓交配時，母貓有時會發出「gya～」的叫聲。那是因為公貓的生殖器有倒刺，抽出生殖器時，母貓會覺得痛。若遇到這種情況，請好好安撫母貓。

吃飯時忍不住發出聲音

#喵言喵語 #唔喵唔喵

不禁脫口而出的「好好吃」

各位喵友，你們的主人都有準備美味的飯飯嗎？吃到喜歡的食物，肚子餓時大口扒飯，吃著吃著不禁發出「唔喵唔喵」聲。尤其是小貓，特別容易發出這種聲音。我們小時候喝奶也是如此，「喝得好飽喔」、「真好喝」，用「唔喵唔喵」向阿母傳達這樣的心情。也許是兒時的習慣使然，即使已經長大了，還是會忍不住發出這種聲音。

貓奴小叮嚀 有些貓吃飯時則會發出威嚇的聲音，這是野貓或群居貓常有的現象。「這是我的食物！」，像這樣邊吃邊宣示主權，讓其他貓不敢靠近。

心情好的時候，呼嚕呼嚕叫

#喵言喵語　#呼嚕呼嚕

呼嚕呼嚕是內心滿足的象徵

記得小時候，我們會邊喝奶邊發出呼嚕呼嚕聲，告訴阿母「我很健康喔」、「我喝得很飽喔」。各位應該都……不記得了吧。阿母聽到呼嚕呼嚕就知道「這孩子長得很好」。也就是說，呼嚕呼嚕是讓對方知道你很滿足的暗號。雖然已經長大仍改不掉這個兒時習慣，但覺得滿足或心情好的時候，總會忍不住呼嚕呼嚕。

貓奴小叮嚀

各位貓奴，你們知道「呼嚕呼嚕」是從哪兒發出的聲音嗎？其實……呼嚕呼嚕並非叫聲，那是空氣通過喉嚨時振動的聲音。所以，你家的喵主子才能邊吃東西邊呼嚕呼嚕，這下懂了吧！

Column

什麼情況下會呼嚕呼嚕

各位喵友聽好，這是人類做的研究結果，當貓向人類提出「我要吃飯」、「陪陪我」等請求時，只要邊叫邊呼嚕呼嚕，基本上人類都會乖乖聽從。那麼，我們來練習一下吧！「喵～（呼嚕呼嚕呼嚕呼嚕……）」。有沒有成功啊？各位請好好活用這一招，讓主人對你言聽計從。

有些飼主以為「我家的貓不會呼嚕呼嚕」。可是，每隻貓都會呼嚕呼嚕。沒聽到可能只是因為太小聲。趁喵主子心情好的時候，摸摸牠的喉嚨，你會感受到呼嚕呼嚕的振動。

靜不下來……

#喵言喵語　#呼嚕呼嚕

狀況不佳時，試著呼嚕呼嚕

前文提到呼嚕呼嚕是「表達滿足的暗號」。不過，呼嚕呼嚕也有神奇的效果。例如，討厭剪爪子卻要被剪的時候、不想去醫院卻得去的時候，感到不安時，請試著呼嚕呼嚕。這麼一來，心情就會變得穩定。

從野生時代就一直獨來獨往的貓族，早已練就出不靠外力，自己控制情緒的本事，很厲害吧。

貓奴小叮嚀　貓滿足時會呼嚕呼嚕，身體不舒服也會發出這種聲音。人類總以為「呼嚕呼嚕＝滿足」，請修正這個錯誤的觀念。明明是身體不舒服卻被當成「很滿足」，這樣會惹毛喵主子喔。

想說我愛你

#喵言喵語　#四目相交後閉上眼

眼神交會後，緩緩地閉上眼睛

想要傳達滿滿的愛意，光靠叫幾聲是不夠的。請深情望著對方，然後緩緩地閉上雙眼。如果對方也閉上眼，那就表示你們心意相通。

貓界有個潛規則，只能和關係親密的對象四目相交。假如和不熟的傢伙對上眼，等於是存心找碴。到時說不定還得打架決勝負，簡直是自找麻煩。

貓奴小叮嚀　想知道喵主子愛不愛你，請留意這個重點。當喵主子看著你的時候，仔細觀察牠的瞳孔。如果牠對你充滿愛慕之意，瞳孔會稍微忽大忽小喔。

貓也會說……人話?!

#喵言喵語　#人話?

技巧高超的仿聲高手

貓不會說人話。人類怎麼會以為「貓在說話!」呢?那只是碰巧罷了。人類把我們的食物稱作「飯飯」。我們恰巧發出類似「飯飯」的叫聲後，主人就端出食物，所以我們就記住了這個模式，肚子餓就發出「飯飯」的叫聲……。結果，主人滿心歡喜地以為「我家的貓會說話!」。人類真的很單純。反正對我們也沒什麼損失，就讓他們繼續誤會下去好了。

貓奴小叮嚀　和人類一起生活後，貓開始用叫聲進行溝通，這是因為叫聲比較容易傳達要求。不過，即使聽起來像人話，未必表示喵主子是了解意思才發出叫聲的。

可能會邊睡邊說話

#喵言喵語　#夢話

淺眠（快速動眼睡眠）的時候會說夢話

不少喵友都愛睡午覺。有此一說，日語的貓（neko）的語源是「寢子（neko）」，由此可知貓是很會睡的動物。但熟睡的時間其實很短，以一天睡十四小時的貓為例，當中的十二小時都是「快速動眼睡眠」，也就是淺眠狀態。請就近觀察正在睡覺的貓。即使在睡，眼皮仍不時跳動，這正是快速動眼睡眠的特徵。邊睡邊「唔喵」或發出呻吟聲都是淺眠時才有的情況。

貓奴小叮嚀　貓和人類一樣會做夢。有時是夢到一大碗飯飯，發出驚嘆聲，或是夢到在草原追逐獵物，像這樣做了感到興奮的夢，就會忍不住說夢話了（好糗）。

我想交女朋友

#喵言喵語　#吶～噢

聽到母貓「吶～噢」叫，就是搭訕的好時機！

我們貓族一年有數次的發情期。發情期就是戀愛的季節。如果有心儀的對象，不妨趁著發情期向對方表白心意吧。聽到母貓大叫「吶～噢」的時候就是最佳的搭訕時機。模仿對方的叫聲，也大叫「吶～噢」來回應，然後步步接近。

發情期因為性激素的影響，聲音會變粗，過了發情期，聲音就會恢復，所以不必擔心。

貓奴小叮嚀 貓分辨得出公貓或母貓的叫聲，所以能立刻察覺異性的示愛。這是人類辦不到的絕技。被叫聲吸引的公貓如果聚在一起，隨時都會開打！這點和人類倒是很像吧？

唉唷喂啊，累死我了

#喵言喵語 #嘆氣

「呼～」地嘆口氣，放鬆一下

各位喵友，你們知道嗎？人類嘆氣是從嘴裡吐氣。他們有煩惱或心情沮喪時就會嘆氣，這和我們貓族截然不同。

貓嘆氣是從鼻子噴氣，也不會為了煩惱而嘆氣。通常是在壓力解除的狀態下嘆氣，像是見到陌生的事物或主人做出冒失的舉動之後。

貓奴小叮嚀 要是喵主子對你嘆氣，那麼請好好反省你做了什麼。喵主子嘆氣是覺得獲得解脫——這就表示你先前在不知不覺中帶給牠壓力喔！

煩死了～快住手～

#喵言喵語　#默默起身離開

奇怪……？
你怎麼啦？
不爽
氣噗噗

覺得不愉快，馬上離開現場

比起我們貓族，人類實在是很遲鈍的生物。即使我們已經叫著「快住手！」，完全狀況外的主人還是不少！既然聽不懂喵話，只好用行動傳達。①快速搖尾巴、②耳朵壓平——這是表現不爽的代表性動作。如果都做到這個程度了還看不懂，那也沒辦法，只能暗自怨嘆自己有個粗神經的主人，然後快步離開現場。

貓奴小叮嚀　喵主子被撫摸而呼嚕叫，以為牠應該很高興，沒想到下一秒卻被咬！有過這種經驗的人請記住，這種現象叫做「愛撫誘發性攻擊行為」（俗稱：摸過頭的反擊），也就是說你撫摸的方式太煩人或是太糟糕囉！

Column

表達「不悅」的方式

雖然前文已提及，在此更進一步詳細說明。被主人撫摸時，如果覺得「不開心」、「很煩」，或是希望他「別摸了」，請用以下的方式表達你的心情。

1

快速搖尾巴

據說狗搖尾巴是表示開心的意思。但，貓搖尾巴是感到焦躁的暗號，就像人抖腳那樣。

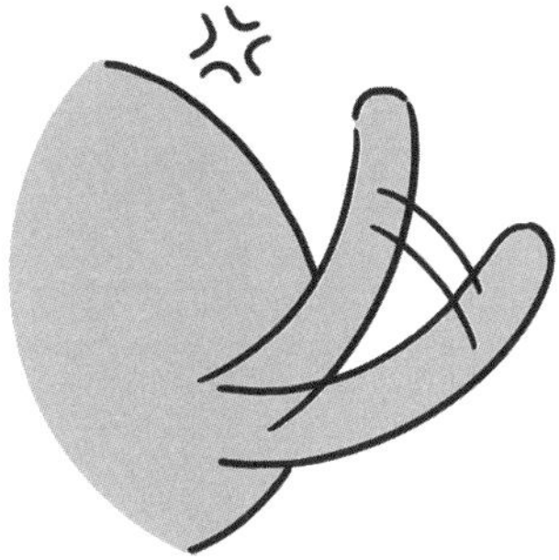

2

不讓下巴貼近主人的手

如果被摸得很舒服，下巴會主動靠在主人的手；但如果希望主人快住手，請抬起你的下巴。

3

耳朵壓平

這也是表現不耐煩、不爽的代表性動作。

基本的打招呼方式

#喵言喵語　#喵

語氣輕快地「喵」一聲

遇到熟識的喵友，輕快地「喵」一聲打個招呼。以前的貓會磨鼻子、聞彼此的氣味（請參閱P82）來問候對方。因此，長久在野外生活的貓，如果用叫聲打招呼，可能是和對方不熟。和人類一起生活後，變成用叫聲打招呼，這麼做比較方便省事。久而久之，住在一起的喵友也是用叫聲打招呼。

貓奴小叮嚀 有些貓很聰明會回話。「～對吧？」、「喵」、「然後啊～對吧？」、「喵」，大概是像這樣……。其實，喵主子根本聽不懂貓奴在說什麼。牠們只是覺得語尾聽起來順耳，隨意地發出叫聲，結果被誤會是在回話。

欸～欸～，你在做什麼？

#喵言喵語　#喵～

總之，叫叫看就對了

人類有時會一個人嘰哩呱啦說個沒完。以為在和我們說話，沒想到是和電話聊天。敢把喵主子晾在一旁，和電話聊得很起勁，真是太失禮了。遇到這種情況，請在主人身邊不停地「喵～喵～喵～」，強調你的存在。「欸欸欸，不准忽視我！」，教訓貓奴是我們貓族的特權！

貓奴小叮嚀

喵主子有事沒事就會叫一下。像是貓奴們在吵架時，一旁的牠們會突然大叫(類似打噴嚏)。聽到不同以往的音色或音量，是因為不安或出自警戒心，忍不住脫口而出。

我就是不叫，這樣很奇怪嗎？

#喵言喵語　#不叫

不叫也是你的個性

用叫聲溝通是小貓時期常有的事，小貓透過叫聲向母貓提出「我餓了」、「快過來」等請求。所以，長大後常叫的貓算是相當孩子氣。

另一方面，很少叫的貓表示精神上獨立自主。不叫並不是奇怪的事，那也是一種個性，對自己要有自信！

貓奴小叮嚀　喵主子很少叫是品種或個性導致，不必擔心。就算不叫，牠還是能確實傳達意思。貓會透過表情或肢體語言、舉動表現心情，請別錯過牠發出的訊息。

Column

很少叫的品種

常常叫或很少叫，這與個性有很大的關係。不過，貓的品種也有影響喔！接下來介紹幾位很少叫的喵友。

波斯貓

這個品種多半個性沉穩，叫聲輕柔低調。

喜馬拉雅貓

波斯貓系的這個品種，通常個性穩重，叫聲內斂。

俄羅斯藍貓

擁有「無聲貓」的稱號。叫聲原本就小，長大後更是很少叫。

異國短毛貓

俗稱短毛波斯貓，個性也和波斯貓一樣沉穩，叫聲輕柔。

順便介紹一下常常叫、叫聲大的喵友。身型纖細的暹羅貓，經常發出高亢的叫聲，聽起來很有氣質。孟加拉貓會發出高低不同的叫聲，健談的牠們常和人類對話（我認識的孟加拉貓是這麼說的）。

叫了卻沒反應

#喵言喵語　#超音波

也許正在用人類聽不到的高音發出叫聲

有時對人類叫，他們卻沒聽到，喵友們遇過這樣的情況嗎？不過，他們不是「故意不理睬」，畢竟我們貓族如此可愛，有誰抗拒得了！他們只是聽不到。貓會用人類聽不到的高音，也就是「超音波」發出叫聲。通常是在呼喚阿母的時候才會那樣叫。也就是說，用超音波叫是因為把對方當成阿母了。難得我們想撒嬌卻沒注意到，人類真是遲鈍。

貓奴小叮嚀　小貓遇到危險時會用超音波呼喚母貓。你見過喵主子「張著嘴卻沒聲音」的情況嗎？那表示牠把你當成阿母了，還不快上前伺候。

我想出去抓獵物！

#喵言喵語 #喀喀喀喀喀 #myamyamyamyamya

「喀喀喀喀喀」是本能覺醒的表現

望著窗外，發現小鳥或蟲子時，忍不住「喀喀喀喀喀」或「myamyamyamyamya」。那樣的叫聲出自「那兒有獵物飛來飛去，我想抓卻抓不到」的糾結心情。因為是不斷移動下巴發出的聲音，聽起來會覺得有點奇怪。此外，看著抓不到的獵物時，有些貓還會想像自己咬著獵物，邊叫邊咬牙切齒。

貓奴小叮嚀

喵主子內心的糾結，不只是因為抓不到窗外的獵物。想玩玩具卻被主人收起來……這時候也會發出叫聲。如果聽到「喀喀喀喀喀」，請陪牠一起玩玩具。

喵星人劇場

好好吃！

我只是抓抓沙發，磨磨指甲而已
哼～
主人就把我臭罵一頓……
可～惡
狂吃
猛吞
超不爽的，我要大吃發洩!!!
嚼嚼
唔喵
嚼嚼
好好吃……
太好吃了～!!
唔喵
你真可愛♪
咦？
現在是什麼情況？

暗號

……好無聊喔
這種時候就去找主人……
啦啦
啦啦
喵～
陪人家玩
人類真的都很單純♡

第2章

貓式溝通～貓與人～

家貓必看！

讓主人對你百依百順的方法

喂～我已經把肚子露出來了！

#貓與人　#露出肚子

貓奴們，還不快陪主子玩

主人不理我們的時候，在他們面前大～翻身，露出你的肚肚。這時有個重點，稍微擺動前腳，做出「過來過來」的動作。當主人靠過來摸你時，順便撒撒嬌。其實我們小時候找其他喵友玩，也做過這樣的舉動，試著回想當時的感覺。不過，如果家中有其他喵友，倒不如找喵友玩。主人玩來玩去都是那幾招，實在很無聊對吧？

貓奴小叮嚀　如果家中不只一隻貓，只要其中一隻做了這個動作，牠們就會開始打鬧玩耍。身為貓奴，為了讓喵主子盡情活動身體、喵心大悅，請好好研究該和牠們玩什麼。

別、別亂講，我才沒有高興哩

#貓與人 #抖尾巴

抖動尾巴 代表找到好東西！

各位喵友，找到好東西的時候，你們會抖尾巴嗎？那時候想必也豎起耳朵，雙眼直盯著有興趣的東西或獵物吧。「找到囉!!」抑制不住內心的歡喜興奮，尾巴情不自禁地抖起來。人類也是如此，感動時會全身發抖。此外，衝到獵物前也會因為緊張而抖尾巴，這是一種自嗨的表現。我們貓族的尾巴是直接表露情感的敏感部位喔。

貓奴小叮嚀 有時叫喵主子的名字，牠們也會抖尾巴。那時的喵主子進入了父母貓模式（請參閱P49）。牠們把你當成討玩的小貓，為了安撫你，於是抖抖尾巴表示「好好好～」。

這兒很安全……

#貓與人　#母雞蹲

萌萌的「母雞蹲」

迷倒貓奴的「母雞蹲」就是把前腳壓在身體下的姿勢。因為腳被壓住，比較不方便移動身體。我們貓族的警戒心很強，很少會做這種無法立刻起身的姿勢。如果是待在安全的室內等能夠放心的場所，那倒可以試一試。貓奴看到「母雞蹲」會很感動，甚至拍起照片，稍微忍一下讓他們拍個夠，說不定會得到獎賞喔！

貓奴小叮嚀 雖然這個姿勢不好移動身體，因為頭的位置較高，容易察覺周圍的狀況。看似放鬆仍處於警戒狀態，貓奴們請勿輕舉妄動。拍照時請悄悄拍，不要驚動喵主子。

嚇到尾巴變大!!

#貓與人 #尾巴膨脹

尾巴變大，膽子變小……

我們貓族遇到來路不明的東西時，因為驚慌恐懼，全身的毛會倒豎。尤其是尾巴，甚至會膨脹成平時的好幾倍大。這是緊張導致肌肉不自覺收縮的反應，就好比人類的「起雞皮疙瘩」。此外，嚇阻對方「不准過來！」的時候，尾巴也會膨脹變大。通常是在非常害怕的情況，為了不讓對方察覺，所以讓身體變大掩飾內心的恐懼。

貓奴小叮嚀 看到新玩具或陌生人時，喵主子會讓尾巴變大，做出威嚇的姿勢。因為心裡正害怕，請別勉強牠們接受。一旦知道自己很安全，如果有興趣，牠們會主動靠近。記住，貓討厭被強迫。

煩死了……

#貓與人　#拍打尾巴

用力拍打尾巴，左右搖晃！

快速搖尾巴就表示，我現在覺得很煩！有些喵友還會氣到用尾巴拍打地板。我們貓族常會搖尾表現憤怒，狗反而是心情好的時候搖尾巴，和我們完全相反。

有些貓奴以為貓和狗一樣，看到我們搖尾巴就說「你很開心啊？」，死纏著不放。對付這樣白目的貓奴，最好的方法就是別理他。

貓奴小叮嚀

喵主子的尾巴會隨著心情改變搖擺的幅度、速度或方式。例如，當牠緩緩地左右擺動尾巴，可能是牠眼前出現了獵物或有興趣的對象，正在思考要不要採取行動。

好可怕！怎麼辦!!

#貓與人 #藏尾巴

夾緊尾巴，藏在後腿之間

「夾著尾巴逃跑」這句話的由來是，動物感到恐懼時，蜷縮身體、捲起尾巴的習性。各位喵友遇到鬥不過的對手時，夾緊尾巴裝乖才是聰明之舉。縮小身體示弱，等於向對方投降。這麼一來，對方就不會發動攻擊。面對贏不了的對手，不要硬碰硬，還是乖乖認輸吧。

貓奴小叮嚀 當喵主子把尾巴夾緊，藏在後腿之間，可能是對某個事物感到害怕。特別是小貓，一點小事就會嚇得皮皮剉。這時候，請稍微觀察情況，想想看牠是在害怕什麼。

心情不好，耳朵也跟著下垂

#貓與人　#耳朵方向

好可怕！
心情煩躁……
發現獵物！

隨著心情改變耳朵的方向

各位喵友或許沒有察覺，我們貓族會隨著心情改變耳朵的方向。看到有興趣的東西會豎起耳朵，平常則是稍微朝外的狀態。另外，生氣或警戒心強、心情差的時候，通常耳朵會朝向兩側或轉向後方，或是壓平。遇到不熟的喵友時，如果對方的耳朵壓平，很有可能是感到害怕，對你充滿戒心。此時還是識相點，趁早離開。

貓奴小叮嚀 當喵主子的耳朵朝向兩側時，很有可能是想發動攻擊。確認一下牠的瞳孔，如果撐得很大，這可就大事不妙！奉勸各位貓奴，這時候盡量閃遠一點比較好。

Column

4種心情模式

喵主子的心情概分為4種模式。因為牠們翻臉像翻書，許多貓奴都覺得「明明都是貓，怎麼差這麼多？！」。不過，這正是喵主子的真性情啊！

父母貓模式

把主人當成小貓，送上充滿愛的禮(獵)物。

小貓模式

把主人當成母貓，撒嬌或提出請求。

家貓模式

翻～身露出肚子，擺出毫無防備的姿勢。

野貓模式

恢復貓的本能，追逐玩具，在家裡四處狂奔。

哇啊！嚇我一跳！

#貓與人　#瞳孔放大

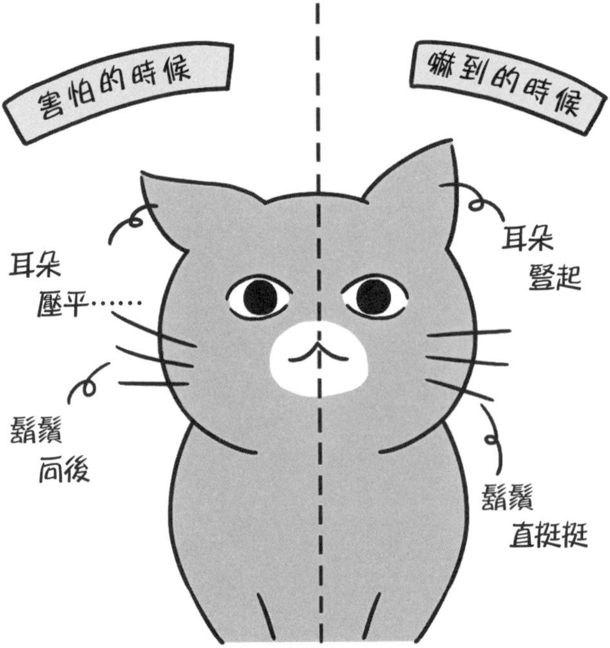

被嚇到的時候，瞳孔會變得圓滾滾

我們貓族受到驚嚇或對某個事物產生興趣時，瞳孔就會變圓。而且，耳朵會豎起來，鬍鬚直挺，充分活用身體的五感。害怕的時候，瞳孔也會變圓，沒錯！這時候是耳朵壓平、鬍鬚向後的狀態。這麼一來，對方就會了解你的心情。其實人類也是如此，被嚇到或看到有興趣的東西時，他們也會睜大雙眼。

貓奴小叮嚀　耳朵方向、瞳孔大小或鬍鬚的狀態都是解讀喵主子心情的重點。瞳孔變圓、耳朵壓平表示恐懼或憤怒，這時候千萬別去逗弄牠們、找牠們玩。想了解喵主子的心情，觀察眼睛、耳朵、鬍鬚很重要。

抱歉，我的眼神很兇，嚇到你了

#貓與人 #瞳孔放大

進入攻擊狀態

喵友們，發現討厭的東西時，請瞪大雙眼、瞳孔放大，保持警戒狀態。首先，仔細觀察對方，確認有無危險性，這點很重要。如果猶豫不決，可能錯失逃跑或攻擊的好時機。對方也許會先發動攻擊，為了避免耳朵受傷，讓耳朵朝向兩側並壓平。如果要逃，露出牙齒嚇嚇對方，並趕緊逃離現場。

貓奴小叮嚀 除了光線的明暗，貓的瞳孔大小也會隨著心情改變。進入備戰狀態時，瞳孔會變大，仔細觀察對方的動向。發動攻擊的瞬間，腎上腺素激升！表情會變得更嚇人喔～。

我想和你玩！

#貓與人　#想一起玩

深情凝視，柔情呼喚

有時好想玩耍，偏偏主人都不理我們。這時候，請用最可愛的表情望著主人，然後大聲地「呼嚕呼嚕」，讓他知道你在撒嬌。如果主人還是沒反應，那就「喵～」地叫幾聲，吸引他的注意。假如已經選好想玩的玩具，直接帶到主人面前也是不錯的方法。

貓奴小叮嚀 明知道喵主子處於想撒嬌的小貓狀態（請參閱P49），因為在忙只好假裝沒看到。這樣的話，小心被偷襲喔！既然知道喵主子想撒嬌，還是先陪牠玩一會兒，反正貓都很快就膩了。

為你獻上充滿愛的禮（獵）物

#貓與人　#送獵物

與其送動物，玩具更討喜

喵友們，各位或許有過送死掉的小蟲子或老鼠給主人卻被臭罵一頓的經驗吧。基於一片好心，想教主人怎麼抓或吃獵物，他們就是不領情，好像很怕那些東西。不過，有些喵友是把玩具送給主人，他們倒是會很開心。看樣子，如果要送禮，玩具比獵物更討喜。如果抓到小蟲子或老鼠，還是藏起來自己獨享吧。

貓奴小叮嚀 母貓會在小貓面前示範如何抓獵物。有時陪喵主子玩，牠會把我們當成小貓，送上抓到的禮（獵）物。這時候別生氣，先高興地收下，之後再偷偷丟掉。

挨罵了就避開視線

#貓與人　#避開視線

表現出有在反省的樣子就OK了!

有時挨罵了，我們會避開主人的視線。對貓族來說，避開視線相當於「投降」之意，但主人卻認為那是「沒在反省」的舉動……。喵友們快翻到第四十七頁，好好學習投降的姿勢。夾緊尾巴藏在後腿之間，縮起身體示弱，這麼一來，再遲鈍的主人也會看明白。表現出有在反省的樣子，主人反而會說「對不起啦，剛剛那樣兇你」。

貓奴小叮嚀　貓被比自己強的對手盯著瞧時，會避開視線讓對方知道「我沒打算和你爭什麼」。那絕對不是很跩的態度，請不要因此對牠發火……。

你覺得我怎麼樣？

#貓與人 #契合度

貓奴就愛那樣的你

人類常說貓「喜怒無常」，但我們只是依當下的心情做反應。想撒嬌就進入撒嬌模式，心煩時進入戰鬥模式，主人的心情與我們無關。可是，不少主人就愛被我們耍得團團轉……人類真的蠻奇怪的。所以啊，別管別人怎麼想，忠於自己的心情，做自己就對了。

貓奴小叮嚀 請配合喵主子的心情，扮演父母或小孩、兄弟姐妹等角色。牠們會用全身表現心情，好好了解並給予適當回應。要是搞錯了，小心吃到苦頭。

Column

猫奴對你的

關愛度診斷

緊張刺激的心理診斷！

請喵友們回想平時的生活，回答以下的問題。

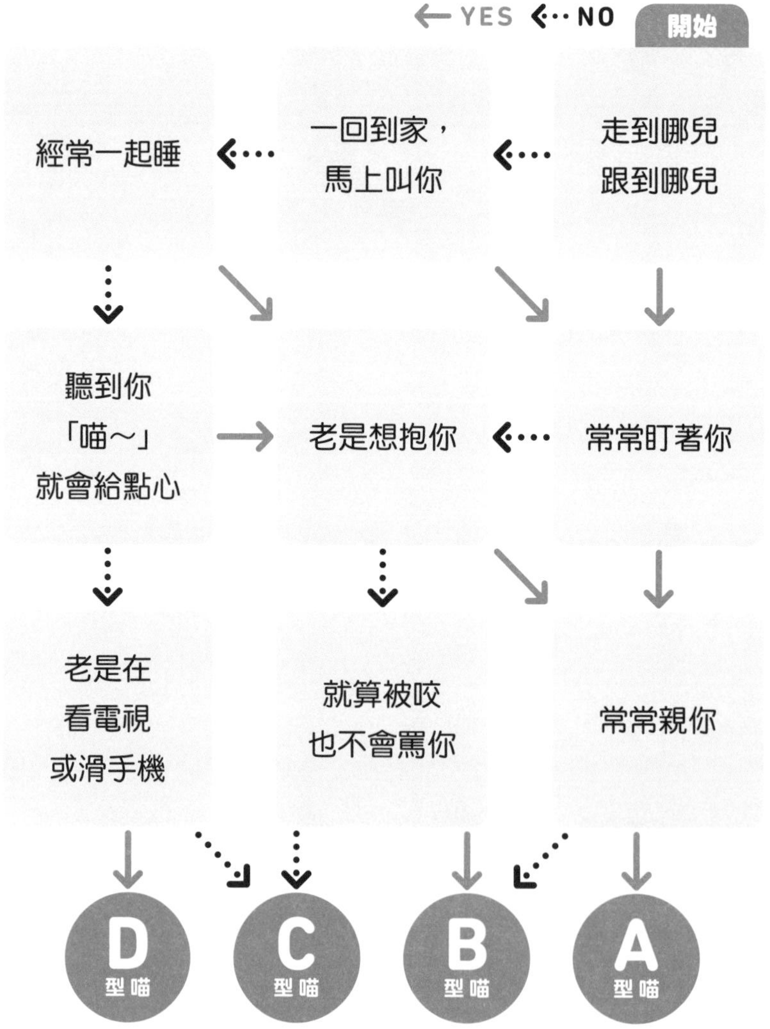

診斷結果

究竟在貓奴心中，你是怎樣的存在呢？請看以下的說明。

A型喵的你是……

兩情相悅的戀人

你和貓奴的感情超甜蜜。他能夠接受你的一切，總是想和你在一起。千萬別測試他對你的愛。即使感到不安也不必擔心，你們的愛會長長久久。

B型喵的你是……

合得來的朋友

你和貓奴是保有適度距離感的朋友。就算在一起也會各自做喜歡的事，相處起來很融洽。偶爾主動撒撒嬌、找對方玩，這樣能加深彼此的感情。

C型喵的你是……

重要的家人！

對貓奴來說，你是理所當然的存在。雖然不會整天黏在一起，他還是很重視你。所以，他很快就能察覺你的些微變化。當他心情低落時，請陪在身邊好好安慰他。

D型喵的你是……

(可能是)空氣般的存在

貓奴似乎不太重視你。因為習慣了你的陪伴，忘了要珍惜你。既然他不懂得惜福，那就讓他吃點苦。試試看消失幾天，這麼一來他就會發現你有多重要。

好了好了，別吵了

#貓與人　#調解爭執

介入兩人之間，試著叫幾聲

有些喵友個性善良，看到人類吵架會覺得「一家人幹嘛吵架，我好難過」。要制止人類吵架很簡單。走到吵架的兩人之間，用悲傷的聲音叫幾聲，他們就會以為「牠在阻止我們吵架啊」。假如吵到撕破臉，我們可能得餓肚子，或是負責照顧我們的人離家出走，所以還是得視情況幫忙調解一下。

貓奴小叮嚀　貓見到人類吵架會感到不安，於是發出叫聲，就像在問「你們在做什麼？」。不少人誤以為「牠在阻止我們吵架！」，因而停止爭吵。有些貓知道，只要叫一叫就能讓耳根子清淨。

如何和人類的小寶寶相處？

#貓與人 #和小寶寶相處的方法

遠遠觀望就好

雖然人類的小寶寶會大哭大鬧，但對我們不會造成危害，所以沒什麼好怕的。先遠遠地觀望，慢慢適應小寶寶的存在。主人也會嘗試各種方法讓我們親近小寶寶。即使被隔離在別的房間，並不是因為討厭我們，放輕鬆別想太多。不過，如果和小寶寶相處得好，說不定會得到獎賞喔！

貓奴小叮嚀

第一次讓喵主子見小寶寶，請選在小寶寶睡著或是沒有哭的時候。切記！別強迫喵主子接近小寶寶，耐心等待讓牠們主動親近。

貓奴為什麼都要讓我穿衣服？

#貓與人　#穿衣服

不是非穿不可，不想穿就拒絕

人類覺得冷的時候會穿厚衣取暖，覺得熱就穿薄一點。那麼，我們貓族呢？覺得冷就去找溫暖的場所，覺得熱就移動到涼爽的地方。也就是說，我們不需要穿衣服。可是，有些主人會用「穿起來好可愛」等莫名其妙的理由，或是「穿了比較暖和喔！」的歪理讓我們穿衣服。沒必要配合主人的喜好，不想穿就拒絕。

貓奴小叮嚀　狗穿衣服是為了禦寒或避免出門在外掉毛等理由。但，貓並不需要穿衣服。而且，那麼做會害牠們無法理毛！穿衣服會造成壓力，請別強迫牠們。

剪貓爪時，要壓一下肉球

#貓與人 #修剪貓爪

這是修剪貓爪的小訣竅

我們的貓爪，只要推拉上部的肌腱就會伸出來。就算平常磨爪子磨得很勤，但長太長就會勾到，可能發生意外或受傷，所以主人經常幫我們剪爪子。這時候，必須壓肉球讓內縮的爪子露出來。如果覺得力道太大會痛，試著小聲地「喵～」一下。要是太吵，說不定主人會壓得更用力喔！

貓奴小叮嚀 喵主子的肉球比我們想像中來得敏感。有時就算沒用力，牠們也會覺得痛。如果對剪爪子沒自信的話，還是請動物醫院或寵物店代勞比較保險。

貓就是不受教？

#貓與人　#管教

聽從管教是獲得獎賞的好機會

人類常說「貓就是不受教」，那是因為貓不像群居的狗，我們都是獨來獨往的。就像人類不夠了解我們，我們也不知道哪些事對他們來說是好事或壞事。

不過，告訴各位一個好康的情報。只要我們做了好事或者沒有做錯事，人類就會給獎賞。如果想得到獎賞，請試著重複那樣的行為。

貓奴小叮嚀　當喵主子做出你不想看到的行為時，用水噴牠，讓牠知道「那麼做會發生討厭的事」，這個方法頗有效。一旦有過不愉快的經驗，短時間內牠不會靠近那個地方。

Column

響片訓練

各位知道響片訓練嗎？「蛤啊，那不是狗在做的蠢事」，不少喵友都這麼想吧。響片是有按鈕或金屬板，一按就會發出「咔噠」聲的東西。當我們做出符合主人要求的行為時，他們就會按響片，聽到咔噠聲就能得到獎賞。「誰要跟狗一樣做那種蠢事！」，或許有些喵友會這麼想。不過如果可以得到獎賞，就當作被騙，稍微配合主人一下吧。接受訓練能為我們的生活帶來刺激，也能加深和主人的感情喔。

前陣子我也陪主人做了響片訓練。不是說聽到咔噠聲就能得到獎賞？剛開始因為能得到獎賞，所以我就勉強配合，但5分鐘已經是極限。最後，我自己去踩響片讓它發出聲音，結果卻沒得到獎賞……這算是詐騙嗎?!

何時該睡、何時該吃？

#貓與人　#生活節奏

隨心所欲 這才是貓

我們貓族的祖先靠狩獵獲得食物。如果狩獵失敗就得餓肚子，所以每天不會在固定的時間進食。至今仍保有這種習性，即使主人準備好飯飯，我們也會因為當天的心情不吃。一直以來都是想吃才吃、想睡才睡，沒必要刻意改變。不過，看在主人的一片心意，偶爾還是配合吃一下吧。

貓奴小叮嚀 喵主子向來都是想吃才吃，沒事做就睡。即使偶爾沒吃東西也不必太擔心。可是，如果沒吃東西卻拉肚子，或是看起來沒精神，可能表示身體不舒服。

一定要刷牙嗎？

#貓與人　#刷牙

貓很少蛀牙，但罹患牙周病的可能性很高！

我們貓族基本上不太會蛀牙。不過，牙垢積太多，容易引發牙周病，所以必須讓主人定期清潔牙齒。這麼說不是故意嚇唬各位喵友，據說三歲以上的貓，約八成都會得到牙周病，由此可知貓是牙周病的高危險群。此外，隨著年齡增長，罹患牙周病的風險也會提高。為了降低風險最好每天刷牙。其實只要習慣了，刷牙是很舒服的事喔，像我就很喜歡刷牙。

貓奴小叮嚀　上排牙齒因為有唾腺（唾液的分泌管），比下排牙齒容易積牙垢。突然把牙刷塞進喵主子嘴裡，牠們會嚇到，對刷牙心生恐懼。可以先用紗布擦拭牙齒，讓牠們慢慢適應。

貓需要洗澡嗎？

#貓與人　#洗澡

理毛＋梳毛就夠了

通常狗都要洗澡，有些品種一個月會洗兩次，但我們貓族不需要。而且我們討厭碰水，更別說是洗澡。主人會依貓毛的狀態來決定是否該讓我們洗澡，所以自己要常常理毛，保持乾淨。除了理毛，主人幫忙梳毛也很重要。梳毛可以促進血液循環，習慣了就會覺得很舒服。

貓奴小叮嚀　只要身體沒弄髒，基本上不需要洗澡。不過，請定期幫喵主子梳毛。如果牠在理毛時吞下太多毛，可能會得到毛球症，所以要梳毛去除多餘的毛。

人類的流感也會傳染給我嗎？

#貓與人　#流感

以防萬一，還是暫時保持距離

基本上，人類的流感只會人傳人，不會傳染給貓。但，根據某個調查，有些貓的體內有人類流感的抗體，而有抗體就表示曾經感染過。少部分喵友被主人傳染流感後，會出現食欲不振或呼吸系統的症狀（咳嗽或流鼻涕等）。所以當主人感冒時，還是保持距離，以策安全。

貓奴小叮嚀 身心虛弱時，難免會想向喵主子尋求安慰。不過當你感冒的時候，請和牠們保持距離。雖然喵主子很愛你，也要顧及牠們的健康喔！

醫院是很可怕的地方？

#貓與人　#醫院

雖然覺得討厭，但都是為你好

許多喵友很怕去醫院，對那兒的大型機械或戴口罩的人（醫生）感到恐懼。雖然被醫生摸身體或在屁屁塞入異物（體溫計）不舒服，但那都是為你好。其實去過幾次就會發現醫生很親切。而且接受診察後，有些醫生或主人會給我們獎賞。

大吵大鬧反而會被弄得更不舒服，所以還是乖乖聽話吧。

貓奴小叮嚀 有些貓第一次去醫院會因為害怕而出現恐慌症狀。這時候，請冷靜地摸摸牠的頭，讓牠放輕鬆。要是牠一直鬧，帶去醫院前，先裝進大一點的洗衣袋，這麼做牠就會安靜下來。

Column

這些舉動是生病的徵兆?!

我們貓族從野生時代開始，為了避免被敵人攻擊，就算身體不舒服也會裝沒事。有些平時不會做或不經意做出的舉動，其實是生病的徵兆。

流口水

不停搖頭

揉眼睛

用屁屁磨地板

不時抓身體

有吃東西卻變瘦

就算身體不舒服，為了「不被敵人發現」而裝沒事。有些討厭去醫院的喵友也會裝成很健康的樣子。然而，不少喵友覺得「身體好像怪怪的」，去了醫院才發現已經生重病。要是覺得不舒服，反應誇張一點也無妨，趕緊讓主人知道最重要。

被強迫吃藥

#貓與人　#餵藥

這正是「良藥苦口」

各位喵友應該都有被餵過很難吃的東西（藥）。有些體貼的主人會用好吃的東西一起餵，但那樣的主人並不多。那些東西雖然很難吃，卻是能夠消除身體不適的好物。想健健康康地過日子，那麼一點苦要忍住！要是一直不肯吃，惹毛主人的話，反而會被硬塞，所以還是乖乖吃下去吧。

貓奴小叮嚀 用力抓住下巴強迫餵藥，會讓喵主子心生恐懼。如果和好吃的東西一起餵，有些貓會勉強吃下去。強迫餵藥會讓喵主子討厭你，這點請務必留意。

我最討厭打針了！

#貓與人 #打針

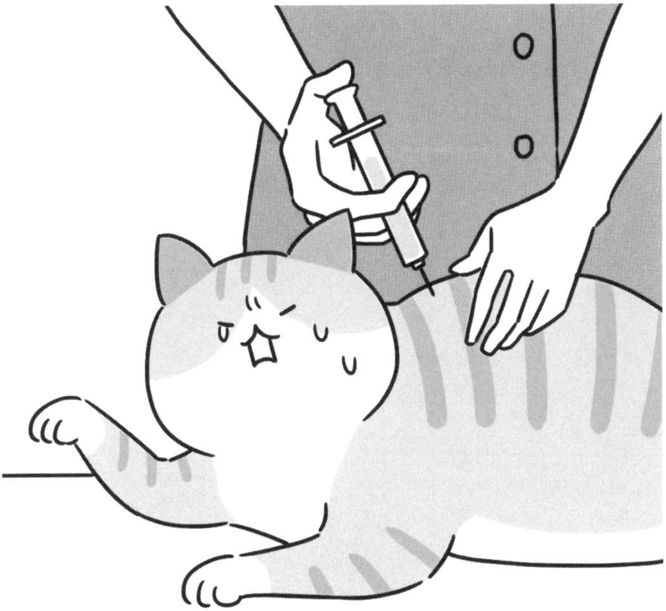

只要痛一下，效果卻是長期!!

看到針筒就已經很害怕了。那尖尖的針頭，光看就覺得痛。不過，各位喵友請放心，貓的耐痛力比人類還強喔！接種疫苗時，只要痛一下就能預防各種疾病。

如果沒打疫苗，生病接受治療更是加倍的疼痛與恐懼。「我好害怕……」看著主人撒撒嬌，他會好好安慰你。打完疫苗後，趕快向主人討獎賞吧。

貓奴小叮嚀 就像有些人怕打針，貓也是如此。面對這樣的喵主子，摸摸牠的臉並輕聲安撫，讓牠放鬆。打完針後給些獎賞，讓牠對打針產生好印象。

父母心

你看，是玩具喔～
哇～啊!!
主人只會讓我抓東西
嗯～
這樣下去，他什麼都不會抓……
對了！我親自示範給他看好了！
咻～
賓～果!!
主人看了會不會很開心呢～♡
我有一份愛的禮物

少惹我喔

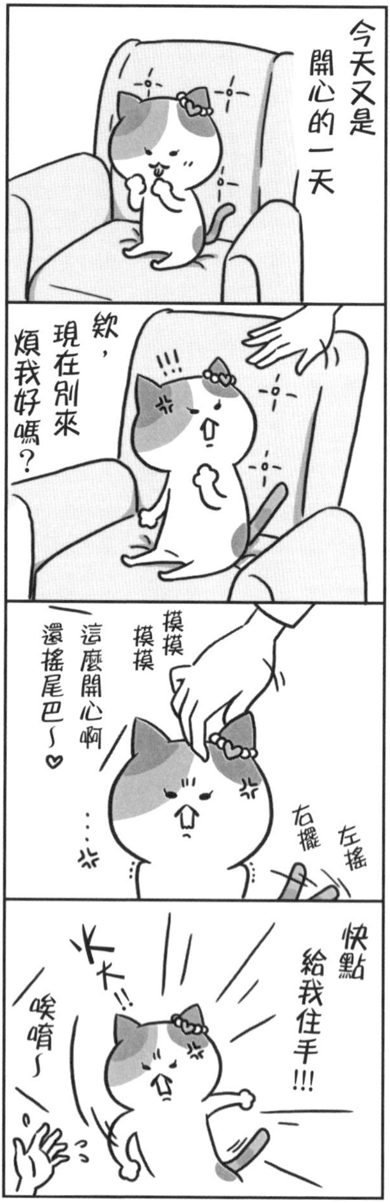
今天又是開心的一天
欸，現在別來煩我好嗎？
!!!
摸摸
摸摸
這麼開心啊還搖尾巴～♡
……
右擺
左搖
快點給我住手!!!
咚!!
唉唷～

第3章

貓式溝通～貓與貓～

處不來卻得一起生活的同居喵友？
貓界的相處之道，其實很深奧。

新來的貓很跩！

＃貓與貓　＃教育新來的貓

展現前輩的威嚴，冷靜以對

主人對新來的貓深深著迷。這時你如果表現出嫉妒心，不但會挨主人罵，還會被新來的貓瞧不起喔！身為前輩，當然要指導晚輩。內心保持冷靜，好好傳授他這個家的家規或貓界的規矩。相處久了，或許會對新來的貓產生好感。受到你的細心照顧，對方也會覺得你像媽媽一樣親切。

貓奴小叮嚀　新來的貓總是受寵。可是，原本的貓看到主人疼愛新來的貓，心裡會很不是滋味。所以，還是優先照顧原本的貓，默默觀察兩隻貓是否能建立信賴關係。

Column

喵友的契合度

貓之間也有所謂的契合度。雖然有些貓未必如此，但基本上可用年齡與性別區分。

前輩 晚輩

○ 小貓 × 小貓

只要從小在一起，不管是否同性都能相處融洽。

前輩 晚輩

○ 成貓 × 小貓

如果新來的貓是小貓，成貓不會把牠當成敵人，比較容易接納。

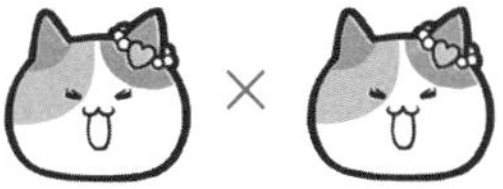

○ 成貓 × 成貓

母貓的地盤意識比公貓弱，這樣的組合不太會發生爭執。

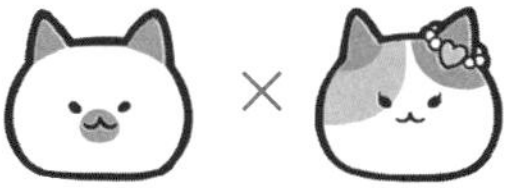

△ 成貓 × 成貓

還算是合得來，前輩是母貓也一樣。

× 老貓 × 小貓

老貓可能會覺得小貓很吵。

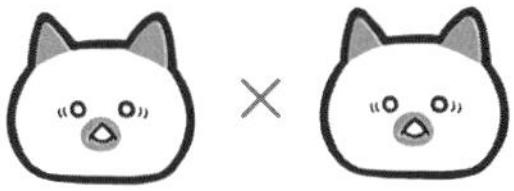

× 成貓 × 成貓

因為強烈的地盤意識，可能會經常打架。

以上是一般的情況，供各位參考。有時兩隻都是母貓的成貓也會吵不停、處不來（我的親身經驗）。到頭來還是得看貓之間的實際相處，自己試過才知道囉～。

前輩總是待在高處

＃貓與貓　＃待在高處的前輩貓

因為「高處＝好地方」

高處可環顧四周，更能夠發現遠方的敵人，就算敵人發動攻擊也很好逃跑，對我們貓族來說是安心又安全的場所。前輩貓對家中的好地方瞭若指掌，比如說貓塔的最上層，他們總是待在很高的地方。你也想去？勸你打消這個念頭。前輩貓不可能把那麼舒服的地方讓給你。不要沒事找事做，才是和平相處的訣竅。

貓奴小叮嚀　不喜爭鬥的貓會把好地方讓給比自己強的對手。因此，對牠們來說「高處＝強者」，在野貓的世界也是如此。走在牆上時，如果遇見比自己強的貓，牠們會立刻跳到地面讓路給對方。

我的孩子認得出我的聲音嗎？

#貓與貓 #小貓的聽力

小貓能夠確實分辨聲音

小貓會透過叫聲讓母貓知道自己在哪裡。而且，母貓和小貓會互相呼喚，所以小貓能夠清楚認出母貓的叫聲。厲害的是，出生四週的小貓已經能正確分辨叫聲囉！即使很多貓一起叫，基本上他們不會認錯叫聲。據說人類的小寶寶也能認出媽媽的聲音。小寶寶真的很驚人呢！

貓奴小叮嚀 貓的聽力遠勝人類許多，老鼠的腳步聲或超音波等級的微弱聲音都聽得到。所以，在喵主子不在的地方說牠們的壞話，還是會被聽得一清二楚喔！

看看我嘛！

#貓與貓　#豎起尾巴

豎起尾巴接近

小時候為了向阿母撒嬌，我會豎起尾巴吸引阿母的注意。那時因為還不太會上廁所，所以媽媽會舔我們的屁屁幫助排泄。為了方便媽媽舔屁屁，於是豎起尾巴，長大後仍保有那樣的習性，遇到想親近的對象，通常會豎起尾巴接近。對方看了也許會想「唉唷，把我當成阿母啦？」，說不定會陪你玩喔。

貓奴小叮嚀 小貓移動時，豎起尾巴是為了讓母貓知道「我在這兒呦」，強調自己所在位置的行為。此外，開心的時候也會不自覺地豎起尾巴，好心情藏都藏不住。

那傢伙居然吐舌睡，超丟臉

#貓與貓　#吐舌

因為門牙小，舌頭容易外露

欸欸欸，別這樣說其他喵友。有時太專心想某件事或是睡著了，難免會忘記收回舌頭。況且，貓的門牙小，所以舌頭很容易外露。一不小心就會出現吐舌的表情。說不定你也只是沒察覺，其實也有過這樣的糗態喔！許多喵友都比較愛面子，就算看到對方吐舌頭也別多說什麼，當作沒看到就好。

貓奴小叮嚀　基本上，吐舌並不是什麼大問題。特別是老貓或波斯貓等下巴短的品種，很容易舌頭外露。不過，除了吐舌還有嚴重的口臭或是沒食欲的話，可能是有口腔方面的疾病。

那傢伙很有趣……可以打一架嗎？

#貓與貓　#打架

為了和諧相處，打架也是一種方法！

我們貓族就算不打架也能知道對方有多少能耐，所以不會打明知會輸的架。如果是有興趣的對象，彼此的實力應該旗鼓相當。

為了弄清楚到底誰比較厲害，有時會試著打一架。不過，明明只是試探實力的打個幾下，有些喵友卻搞到遍體鱗傷。若想守住自尊，不如忽視對方的存在。

貓奴小叮嚀　貓真的不喜歡爭鬥。可是，有時為了守住自尊不得不開打。如果是打到見血的激烈程度，請介入制止。反之，默默在旁守護就好。

Column

打架的姿勢

雖然很不想動手，有時還是得打上一架。喵友們一起來學學打架時決定勝負關鍵的4種姿勢吧！

虛張聲勢

為了讓自己看起來很強悍，努力抬高腰部，但內心其實很害怕，所以上半身會不自覺放低。身體的反應果然很誠實……。

威風凜凜

感覺對方比自己弱時，抬高腰部，讓身體變大，營造威嚇感。這麼一來，對方會心生恐懼而落跑。

投降！

如果對方的威嚇令你感到害怕，不戰而降也是一種方法。這時候，壓低身體，把尾巴藏在後腿之間。這樣做，對方就不會攻擊你。

拚命抵抗

超不服輸的喵友會從虛張聲勢的姿勢變成側身，雙眼泛淚地訴說「敢過來就給你好看！」。但這副模樣完全不可怕就是了。

一開始就投降是膽小鬼才會做的事。先擺出威風凜凜的姿勢，給個下馬威！對方肯定會嚇到腿軟。不過，這麼做也沒勝算的話，就只好乖乖投降囉……。

如何向喵友打招呼？

#貓與貓　#打招呼

鼻子碰鼻子，互聞口中的氣味

我們貓族的嗅覺很敏銳，是人類的好幾萬倍，能夠分辨出各種東西的氣味。

喵友之間也是如此，碰面的時候，鼻子碰鼻子互聞氣味，用這樣的方式打招呼。要是遇到氣味相同的貓怎麼辦？才不會有那種事，因為貓的嘴巴周圍有臭腺，每隻貓都會散發不同的氣味。你怕自己有口臭？那就請主人好好清潔你的嘴。

貓奴小叮嚀 貓的視力差，光看外表不太能記住其他貓的樣子。不過，牠們擁有相當敏銳的嗅覺，只靠氣味就能分辨出其他喵友喔！

脖子上戴著怪東西，看起來好詭異！

#貓與貓　#伊莉莎白圈

那是戴著伊莉莎白圈的喵友

有時前輩貓和主人出門後，回到家脖子上會戴著奇怪的東西。我們貓族本來就看不太清楚長相，如果前輩貓身上沾到醫院的味道，實在很難靠氣味認出他。不過，既然是和主人一起回來，應該是前輩貓沒錯。戴在他脖子上的奇怪東西叫做「伊莉莎白圈」，是防止我們亂舔傷口的護具。為了不傷前輩貓的自尊心，請不要笑他！

貓奴小叮嚀　戴著伊莉莎白圈，行動起來很不方便，雖是為了健康而不得不戴，但總覺得喵主子很不舒服，心情很差。那麼，試著把深度弄淺或是減少寬度。當然，別忘了給牠最愛的點心。

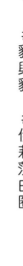

那傢伙，嗯嗯完都不埋

#貓與貓　#不埋糞便

不埋糞便是自信的象徵！

我們貓族把糞便用貓砂埋起來是一種本能行為，因為不想被敵人聞到氣味，發現自己的所在位置。反之，如果有貓不埋糞便，就表示他覺得自己很強，讓糞便的氣味飄散在空氣中，藉以向周圍的貓宣示「這兒是我的地盤！」。如果同居的喵友不埋糞便，可能是他認為比你強。這麼說來，對方或許有點瞧不起你……?!

貓奴小叮嚀　原本都會用貓砂埋糞便，突然之間不埋了，發生這種情形必須留意。也許是感到不安或不滿。多觀察喵主子上廁所的情況，確認有無異狀。不過，少部分的貓比較笨拙，想埋卻埋不好。

公貓的尿好臭喔

#貓與貓　#公貓的尿

強者的表現。這是男性的威嚴

比起其他動物的尿，貓尿有著強烈的氣味。這是因為生活在沙漠的祖先為了保存水分，只會少量排出高濃度的尿。特別是公貓的尿味很重，據說是荷爾蒙的影響。由於母貓掌握了交配對象的選擇權，公貓必須努力宣示自己有多強。荷爾蒙愈多，尿味愈濃烈，代表狩獵能力好，所以公貓會卯起來撒臭尿。

貓奴小叮嚀 應該不少人都討厭公貓那股很濃的尿味。雖然並不值得誇耀，公貓的尿味就連寵物用清潔劑都很難洗得掉！這就是公貓的「男人味」，和公貓一起生活只能認命接受。

你要搬家啦。你不在，我好寂寞

#貓與貓　#搬家會感到寂寞？

過一段時間就會忘記，別擔心

貓的一生，有相遇就有別離。原本朝夕相處的貓，有時也會因為主人的情況而分離。不過，貓本來就是獨居動物，即使和父母或兄弟姐妹分開，沒多久就會忘記了。起初或許會感到寂寞，過了一段時間，徹底忘記對方的氣味。所以，久別重逢時，彼此還會覺得很陌生。當下想必只有主人沈浸在重逢的感動之中。

貓奴小叮嚀 人類活著也不輕鬆，要經歷無數的相遇與別離。貓看似冷淡，其實有些貓的內心很敏感。雖然很快就會忘記對方的氣味，別離這種事還是能免則免。

Column

打完架會和好嗎？

原本感情好的話，當然會和好。儘管忽視對方的存在，只要像往常那樣的生活，自然會重修舊好。不過，要是經常打到流血，那可就麻煩了。建議先將雙方分開，暫時別碰面，直到彼此都忘記先前的不愉快。過了一段時間，試著讓雙方碰面，如果還是會打架就再分開。有些主人會強迫貓和好，然而那麼做會造成反效果。

人們常說隨著年齡增長，個性會變溫和。年輕時，彼此自尊心高，誰也不讓誰。上了年紀後，不再計較原本在意的事，也懂得體恤對方。

雖然是公貓，我也想照顧孩子

#貓與貓　#奶爸

奶爸逐漸成為趨勢

公的野貓交配完就拍拍屁股走人，再去找其他母貓。同樣都是公貓，他們似乎很沒責任感，但在貓界這是很自然的事。小貓出生時，公貓已不在，所以由母貓獨自育兒。不過，有些和人類一起生活的公貓，雖然會去找其他母貓，也會陪小貓玩、照顧小貓。最近，人類社會掀起「奶爸」風潮，貓界說不定也會跟風喔！

貓奴小叮嚀　雖然公貓和母貓一樣有乳房，可是再怎麼疼愛孩子，奶爸終究無法分泌母乳。公貓的乳房沒有特殊作用，人類也是如此。就算無法哺乳，請溫暖守護努力照顧孩子的他們。

老是在傻笑……

#貓與貓　#裂唇嗅反應

感受費洛蒙的關係

睜大眼、嘴半開的表情並不是在笑，而是在感受費洛蒙。我們貓族聞到強烈的氣味，鼻腔內的「鋤鼻器」（別名：茄考生氏器）會去感應費洛蒙。這時候，嘴半開是為了打開鋤鼻器的通道。這種反應稱為「裂唇嗅反應」。通常做出這種表情時，人類都會說我們在「扮鬼臉」，真是太失禮了。

貓奴小叮嚀　貓的費洛蒙是從嘴巴周圍、乳腺、肛門腺、尾巴根部、泌尿生殖器周邊分泌而出。尤其是嘴巴周圍分泌的費洛蒙，稱作「貓臉部費洛蒙（Feline Facial pheromone），據說能讓貓感到安心。

睡得很熟……咦，睡姿竟然一樣？

#貓與貓　#睡姿相同

感情好才辦得到的絕技！

睡姿會因為氣溫或當時的安全感而改變。喵友之間偶爾會出現相同的睡姿，如果是親子，可能是小貓在模仿父母的姿勢，因為小貓有模仿父母的習性。人類也是如此，對於有好感的對象會不自覺學起對方的言行舉止。或許我們貓族也是想變得和親近的對象一樣。無論理由為何，那都是信賴對方才會有的行為。

貓奴小叮嚀　除了父母，小貓也會做出和兄弟姐妹或主人相同的姿勢，這應該是模仿父母的習性所致。如果牠模仿你的睡姿，或許是把你當作父母或兄弟姐妹了。

不要用屁股對著我！

#貓與貓　#屁股朝外睡

這是信任你的證據

我們貓族是警戒心很強的動物。待在能夠安心的環境，除非是發自內心信賴的對象，否則不可能把屁股朝向對方。假如喵友用屁股對著你睡覺，那表示牠很信任你。遇到這樣的喵友，就算是開玩笑，也不要從後方故意鬧他或打他。如果對方開不起玩笑，可能會一輩子記仇或是再也不理你了。

貓奴小叮嚀　如果喵主子睡覺用屁股對著你，可能是因為把你當成母貓或兄弟姐妹，所以對你的存在感到安心。要是牠把屁股湊到你面前，這是值得開心的事。

第一次參加聚會，好緊張！

#貓與貓　#貓聚會

態度要謙虛，坐的時候保持一定距離

野貓在晚上的公園或停車場聚會時，不會特別做什麼，只是彼此保持適當的距離待在那兒。儘管在都市裡有自己的地盤，行動範圍還是會重疊。因此，必須透過聚會認識地盤附近的喵友，維持地方上「貓社區」的安定。新來的貓要盡量低調，稍微保持距離，坐在比大家低的位置。有前輩向你攀談時，記得有禮貌地打招呼。

貓奴小叮嚀　貓的聚會不只是互相交換情報，在繁殖期也是交配的場所。白天互不搭理的野貓，參加聚會時也會和其他貓交換情報，隨興地進行交流。

野貓過著怎樣的生活？

#貓與貓　#野貓的生活

巡視地盤

野貓看似成天漫無目的地走在外頭。其實，牠們是在巡視自己的地盤有沒有異狀。確認有無其他貓出入，在地盤內撒尿做記號，或是向母貓宣示自己的存在。萬一地盤遭到破壞，他們會揪出對方，全力爭奪地盤的主權。偶爾才外出的喵友，請留意不要闖進他們的地盤。

貓奴小叮嚀 生活在室內的貓，室內就是牠的地盤。或許你覺得待在室內很可憐，但對貓來說，可以生活在自己的地盤是很幸福的事。而且待在室內也不會被傳染疾病或發生意外，盡可能別讓喵主子外出！

貓學測驗 –前篇–

你究竟學到多少貓知識？以○×回答以下的問題。

先來複習第1章～第3章。

第 **1** 題	貓提出請求時 會發出「**喵**」的叫聲。	[　]	→ 答案・解說 P.16
第 **2** 題	威嚇對方時 會發出「**喵～喔**」的叫聲。	[　]	→ 答案・解說 P.20
第 **3** 題	**耳朵的方向** 會隨著心情改變。	[　]	→ 答案・解說 P.48
第 **4** 題	貓用**屁股**朝著你 是因為討厭你。	[　]	→ 答案・解說 P.91
第 **5** 題	受到驚嚇時 **瞳孔**會放大。	[　]	→ 答案・解說 P.50
第 **6** 題	打招呼的基本是「**喵～**」。	[　]	→ 答案・解說 P.34
第 **7** 題	開心的時候 尾巴會**膨脹**。	[　]	→ 答案・解說 P.45
第 **8** 題	尾巴左右搖晃 是因為很**高興**。	[　]	→ 答案・解說 P.46

第 9 題 **小貓**能夠認出母貓的聲音。 [　　　　] → 答案・解說 P.第77

第10題 貓**不洗澡**會變得很髒。 [　　　　] → 答案・解說 P.66

第11題 害怕的時候會
夾緊尾巴，藏在**後腿之間**。 [　　　　] → 答案・解說 P.47

第12題 只有心情好的時候
才會**呼嚕呼嚕**。 [　　　　] → 答案・解說 P.26

第13題 **傻笑**是因為很開心。 [　　　　] → 答案・解說 P.89

第14題 覺得累的時候會**嘆氣**。 [　　　　] → 答案・解說 P.31

第15題 就算**不刷牙**
也不會得牙周病 [　　　　] → 答案・解說 P.65

答對11～15題 (表現得非常好)
貓學達人！保持這股氣勢，後篇也要拿高分喔！

答對6～10題 (不錯唷)
基礎知識都有記住，再複習一遍吧！

答對0～5題 (好好加油吧)
……你真的是貓嗎？重新努力學習！

喵星人劇場

廢喵聚會

我才不怕你！

第4章

謎樣行動

「為何會有這樣的行動？」
答案就隱藏在貓族的本能之中。

吃飯飯小口吃！

#行動　#小口吃

愛吃不吃是常有的事

我們貓族原本是靠狩獵維生，抓不到獵物時，只好餓肚子。也就是說，我們不會每天定量進食。那樣的習性仍保留至今，所以我們吃東西是看心情，有時吃很多，有時什麼都不吃，感覺起來好像愛吃不吃。少部分食欲旺盛的喵友，每天都會把飯吃光。如果不想餓肚子，請好好守住你的飯碗。

貓奴小叮嚀　有時喵主子吃飯吃到一半會用貓砂埋住。這是貓的野生本能所致，那麼做的意思是「現在不想吃，先藏起來」，並不是牠不喜歡你準備的食物。

仰躺的姿勢，好～放鬆

#行動 #露出肚子

家貓
覺得安心的姿勢

柔軟的肚子是我們貓族的弱點。雖然是無法輕易露出的部位，但只要待在覺得「這兒很安全」的場所，就會放心地露出肚子好好放鬆。畢竟一直保持警戒也是會累的。而且，在主人面前露出肚子躺著可說是大絕招。這種毫無防備的姿勢會瞬間迷倒主人。想要主人陪或是想提出要求時，有些聰明的喵友會使出這一招。

貓奴小叮嚀

露出肚子這種重要部位，在野生世界是不可能發生的事。就算不是完全的仰躺，頭朝下的側躺姿勢也代表著喵主子感到很安心。當牠確定此處沒有敵人很安全的時候，才會用屁股或背朝向你。

上完廁所，四處狂奔!!

#行動　#廁後嗨

通常發生在如廁後 俗稱：廁後嗨!!

各位喵友，你們上完廁所會在屋子裡跑來跑去嗎？這個現象稱為「廁後嗨」。除了跑來跑去，還會磨爪子、大聲吼叫。有些喵友是上廁所前會變得很嗨。這是野生時代留下來的習性。野生時代的祖先有時會在狩獵過程中或是在高處排泄，那些排泄物無法遮掩。可是在顯眼的場所排泄是很危險的事，正因為危險，所以心情會很亢奮。

貓奴小叮嚀 基本上，廁後嗨並非疾病。不過，有些貓是因為便祕或膀胱炎出現廁後嗨的行為。要是發現喵主子的情況不同以往，即便是些許異狀，都要盡快諮詢醫師。

Column

最討厭不乾淨的貓砂盆

我們貓族非常愛乾淨，最討厭排泄物堆積，滋生細菌的髒兮兮貓砂盆。有些喵友還因此忍著不上廁所，搞到生病。清理貓砂盆是主人的義務，請大聲告訴他們「幫我換貓砂，把貓砂盆清乾淨！」。但如果主人經常不在家，沒辦法馬上清理，那就多準備幾個貓砂盆，這樣就能乾乾淨淨地上廁所。

我的主人很愛乾淨。每次我上完廁所，他都會幫我清理髒掉的貓砂，倒新的貓砂。每個月還會洗一次貓砂盆，所以我每天都很愉快地上廁所。髒兮兮的貓砂盆，我一次都沒碰過。遇到好主人真是太幸運了。

這兒是我的地盤喔！

#行動　#磨爪子

邊伸懶腰邊磨爪子

磨爪子除了是保養，也是在把趾間或肉球的臭腺所分泌的氣味沾在某處做記號。邊伸懶腰邊磨爪子是為了讓身體變大，給對方「我很強」的印象。而且，在很高的位置留下爪印，也會讓其他貓以為「這附近有這麼大的貓啊……」，避免發生爭地盤的情況。有些貓為了讓自己看起來強壯，還會站到台子上磨爪子。

貓奴小叮嚀　喵主子磨爪子還有其他理由。處於亢奮狀態或有壓力的時候，為了讓心情平靜就會一直磨爪子。這時候如果出手制止，肯定會受傷喔！

狩獵前搖搖屁股

#行動 #搖屁股

進入狩獵模式！

貓原本是獵食老鼠等小動物維生的動物，狩獵技術比狗高明許～多。發現獵物後，先放低身子躲在草叢裡，之後就能抓到獵物。瞄準獵物時，搖尾巴保持身體平衡，所以屁股也會跟著搖擺。有些主人看到公貓做出這樣的動作會說「好像女孩子」，這時候賞他一拳，讓他閉嘴。

貓奴小叮嚀 和人類一起生活，沒在狩獵的貓，基於本能也會出現這樣的動作。看到逗貓棒想飛撲，把人類的腳當成獵物玩耍，這些時候會激起牠們的狩獵魂，然後搖起屁股。

那是什麼，好想知道……

#行動　#兩腳站立

試著用兩隻腳站起來

想往上看或察覺到細微的聲音、動靜時，試著用後腳站起來。好奇心旺盛或警戒心強的喵友常用兩腳站立，觀察周圍的情況。雖然這模樣被說很像土撥鼠，但這並不是什麼特殊的姿勢。有人說像是馬戲團的雜耍？我們貓族才不幹那種事，我們是為了自己才站起來。

貓奴小叮嚀

貓聽到在意的聲音或聞到在意的氣味，會用後腳站起來尋找來源。玩逗貓棒的時候，也會不自覺地站起來對吧？貓的後腳肌肉很發達，身體也柔軟，這對牠們來說不是吃力的姿勢。

那個聲音是從哪裡傳來的？

#行動 #歪頭

歪著頭是在找尋聲音的來源

我們貓族的聽力非常好。喵友們應該都知道自己的耳朵可以一八〇度轉動吧？而且左右耳還能各自朝不同的方向轉動喔！各位不妨試著歪一下頭。改變耳朵的角度，可以更正確找到音源的方向或距離。人類有時也會歪頭，但那不是在找尋音源，只是表現「我不知道」的意思。希望他們向我們學著點，努力找出答案。

貓奴小叮嚀 貓的耳朵對高音相當敏感。所以，聽到人類高亢的聲音或突然發出的巨大聲響會受到驚嚇，產生壓力。有些貓不喜歡接近小孩子，應該就是因為小孩子總是尖聲吵鬧。

下雨天就懶洋洋不想動

#行動　#雨天

無法狩獵的日子是保留體力的日子

這是野生時代的習性。雨天狩獵不容易聽到獵物的聲音，也聞不太到氣味，失敗的可能性很高。而且，被雨淋濕身體也會消耗體力。對生活在野外的貓來說下雨是很糟的事，所以他們會想說「別浪費體力，今天好好休息吧」。

晴天則是絕佳的狩獵日，而遇上晴雨不定的陰天會覺得很鬱悶。

貓奴小叮嚀 貓的心情也會隨著時段改變。野生的貓早上外出狩獵，吃飽後好好休息保留體力，晚上再去狩獵。假如喵主子晚上突然變得很嗨，在家裡跑來跑去，可能是進入了野生模式。

Column

隨天氣改變的心情

天氣的好壞對狩獵的成果有很大的影響。晴天是狩獵的好日子，所以會充滿幹勁、活力十足。下雨天的時候，想到小動物都躲在巢穴裡，實在提不起勁，心情變得很差。為了保留體力，雨天還是睡覺最好。陰天雖然可以狩獵，但「說不定會下雨……」，面對不明朗的天氣，心就是靜不下來。由於野生時代的本能仍保留至今，所以心情會隨著天氣改變。

人類常說「貓很善變」，或許也是因為我們的心情會隨著天氣改變，不過這是有根據的。無法抵抗本能，人類也是這樣吧？

屁屁傳出臭臭的味道……

#行動　#放屁

那是腸子裡的氣，也就是放屁

臭臭的味道，其實就是屁。腸子分解碳水化合物等營養成分時，會產生二氧化碳，那些氣體（屁）由屁股排出體外。人類放屁時會發出「噗」或「噗～」的聲音，但貓很少會有屁聲。就算有，聲音也很小。有位喵友的女兒說「男生的屁好～臭」，那麼說是不對的。公貓與母貓的屁並沒有臭味的差異。屁臭不臭是因為吃的食物所致。

貓奴小叮嚀 貓也和人一樣會放屁喔。屁臭不臭與食物的蛋白質含量有關。貓食富含蛋白質，所以貓的屁會比狗臭。另外，腸胃消化不良時也會放臭屁。

家電用品好好躺

#行動　#喜歡待在家電上

電器用品是超棒的取暖場所

貓覺得冷的時候會移往溫暖的場所。微波爐或暖爐等電器用品會發熱，所以不少喵友都會想「要取暖就找那個家電」對吧？

有位喵友很喜歡筆電的鍵盤。每當主人開始打字，就馬上坐到鍵盤上取暖。

雖然這樣會妨礙主人工作，但只要露出肚子撒撒嬌，主人通常不會計較。

貓奴小叮嚀　貓對溫度的變化很遲鈍（請參閱P153），經常因為待在暖爐而燙傷。天氣開始變冷時，建議準備寵物用的電暖氣等，讓喵主子可以安全取暖，這樣你也能安心。

待在窗邊直盯著屋外

#行動　#在窗邊監視

其實是在監視有沒有入侵者

生活在室內的貓也很在意自己的地盤是否安全。有時同居的喵友會一直看著窗外對吧？他們看似悠哉地望著窗外的花草樹木，其實有時是在監視地盤內（室外）有無入侵者。假如傻傻以為「室內很安全」，一旦敵人入侵就無法反擊了。所以平時要好好巡視地盤周圍喔！

貓奴小叮嚀

看到喵主子一直盯著窗外瞧，有些人會覺得「被關在家裡好可憐。應該很想出去吧」，那可就大錯特錯。沒有敵人又不愁吃喝……誰想離開那麼棒的地方啊，牠們可是一點都不想離開家喔。

到處噓噓

#行動 #隨地小便

留下自己的氣味才會感到安心

站著豎起尾巴撒尿，這樣的舉動稱為「噴尿」。這是為了留下自己的氣味的標記行為，此時的尿味頗重。野生的貓會到處噴尿散佈氣味，有固定地盤的家貓基本上不需要做這種事。不過，有時因為環境變化或有客人造訪等感到不安的情況時，就會不自覺做出這樣的舉動。

貓奴小叮嚀 平常都很乖，突然隨地小便，可能是壓力所致。喵主子隨地小便時，請先默默觀察一段時間，若能找出牠壓力的根源，請幫牠解決內心的不安。

不安……舔身體是一種習慣

#行動　#舔身體

讓心情冷靜下來的好方法

舔身體除了是清潔身體的行為，也有抑制興奮、穩定心情的效果。各位喵友想起小時候被媽媽舔身體的回憶，應該會覺得很幸福對吧。

喵友打架時，一方突然間舔起身體，表示「我太激動了，先冷靜一下……」，那麼做是為了靜下心。下次你也試著舔舔身體冷靜一下，看對方接下來如何出招。

貓奴小叮嚀　有時主人正在生氣，看到貓在舔身體反而會更火大，怒罵「欸！你有在反省嗎?!」。其實喵主子不是沒在反省，牠只是在保持鎮定……所以，請不要對牠太兇。

Column

緩和不安的「轉移行為」

我們貓族有壓力或不安時，會做其他事轉移注意力，這稱為「轉移行為」，好比人類感到困擾時會有抓頭的舉動。像舔身體讓心靜下來、壓力解除時嘆氣、舔鼻子等都是轉移行為。想讓主人知道自己有壓力，結果卻被說成「好可愛」實在很無力。希望主人們好好了解我們的內心與行動的關係。

「轉移行為」聽起來好難懂喔。對了，我認識一位老爺爺，每次找他玩，他好像都會舔身體或嘆氣……咦?!難道那也是轉移行為嗎?!所以說，我讓他覺得有壓力?!

睜著眼打哈欠！

#行動　#打哈欠

應該是處於緊張的狀態

想睡的時候會閉著眼睛打哈欠。那麼，睜著眼打哈欠是為什麼呢？……答案揭曉！那正是前文提到的「轉移行為」之一（請參閱P113）。覺得有壓力或緊張時，藉由打哈欠轉移注意力。但此時必須對周圍的狀況保持警戒，所以不能閉眼睛，因此才會出現睜著眼打哈欠的舉動。

貓奴小叮嚀 被罵的時候打哈欠，這就表示喵主子的心裡很緊張。正因為如此，牠會睜大眼睛保持警戒。狗也是如此，為了消除緊張，牠們也會打哈欠喔。

狹窄的地方好～舒服

#行動　#喜歡狹窄的空間

或許是想起以前住過的地方

我們貓族在野生時代是住在狹小的岩洞等陰暗的場所。直到現在，待在暗處仍然令我們感到安心。尤其是相當合身，敵人無法乘隙闖入的地方最棒了。

我的主人曾經花大錢買床給我，可是那玩意兒坐起來一點都不舒服，還不如給我一個紙箱。雖然主人很受傷，但我希望他能明白，我只是比較重視舒適度。

貓奴小叮嚀　有些貓會鑽進比自己身體小的箱子。那應該是因為小時候有待過，以為自己現在也進得去。如果家中有不希望喵主子進去的狹小空間，請放東西擋住。

怎麼坐才能放鬆，教教我！

#行動　#歐吉桑坐姿

歐吉桑坐姿的效果很不錯！

生活在室內的喵友，基本上因為安全受到保障，不必隨時提高警覺，偶爾可嘗試放鬆的姿勢。先將後腳往前伸，一屁股穩穩坐在地上，雖然乍看很像歐吉桑的坐姿……怎麼樣？是不是覺得很舒服？有些喵友應該看過蘇格蘭摺耳貓這樣坐吧。人類說這叫「蘇格座」，不過其實各位都做得到喔。

貓奴小叮嚀　這種坐姿可能是喵主子理毛時發現這樣坐「好輕鬆～」，於是養成了習慣。屁股貼地的話，無法馬上移動身體，只有在喵主子完全放鬆的時候才會看到這種姿勢。

睡覺前先「踏踏」

#行動　#踏踏

想起了母貓的ㄋㄟㄋㄟ

喵友們，還記得小時候喝奶，我們會用前腳搓揉阿母的ㄋㄟㄋㄟ。想起當時心滿意足的感覺，就會忍不住想搓一搓、踏一踏。小貓通常出生後六週左右就會斷奶。有些更早和母貓分開的小貓會一直保有小寶寶的心情。被母貓充分照顧的小貓，長大後不太會有踏踏的舉動。如果對主人做出搓揉的動作，可能是在撒嬌的意思。

貓奴小叮嚀 小貓搓揉母貓的胸部是刺激乳腺，促進母乳分泌的本能行為。假如喵主子搓揉你的肚子，應該是把你當成母貓在撒嬌。

每到晚上就很想跑跑跳跳！

#行動　#晚上有精神！

半夜是狩獵的時間

野生的貓會活用在黑暗中也能看得很清楚的視力，在傍晚到半夜進行狩獵，甚至持續至清晨。這和我們貓族的祖先過去生活在沙漠有關。白天的沙漠非常熱很耗體力，所以當時的貓都是等到變涼後才去狩獵。那樣的本能保留至今，所以有時到了半夜會激發狩獵魂。可是，因為沒有獵物，只好在家裡跑來跑去、爬上窗簾或高處，藉以消耗體力。

貓奴小叮嚀　如果喵主子半夜狂奔吵到鄰居，那就得想想辦法。例如，睡前用逗貓棒陪牠玩，對貓來說這是頗耗體力的事。貓奴們，請好好學習陪玩的技巧吧！

咳咳。是毛球！我會死翹翹嗎？

#行動　#吐毛球

請主人幫你梳梳毛

貓在理毛時吞下的毛會在胃裡變成球狀，為了避免卡在胃裡，所以會吐出來。

有項報告指出，貓平均一天花三．六小時理毛，也就是醒著的時候，約二五％的時間都在理毛。貓舌表面有粗糙的突起物，如果長時間理毛，肯定會吞下大量的毛。喵友們，還是多請主人幫忙梳毛吧。

貓奴小叮嚀　長毛貓經常吞下太多毛，必須定期整理。每月梳一次毛，去除多餘的毛，減少被吞入的毛量。貓也和人類一樣，長毛（髮）真的不好保養。

主人的衣服，好好吃

#行動　#吸吮毛織品

羊毛製品不是食物

有些喵友喜歡吸毛衣或毯子等羊毛製品，吸著吸著不小心撕破吃下肚。這種行為叫做「吸吮毛織品」，據說是小時候沒能滿足吸奶的欲望所致。當然，吃下肚的羊毛無法消化。如果有和糞便一起排出體外倒還好，但很有可能卡在腸內。就算看起來美味可口，也絕對不要吃下肚。萬一卡在腸子裡，就得剖開肚子喔！

貓奴小叮嚀　假如喵主子有吸布的習慣，請留意牠是否有在吃布。若有差點吃掉的情況，請將布製品收在牠碰不到的地方。要是對布很執著，試著增加玩的時間，轉移牠的注意力。

真無聊，乾脆來抓尾巴好了

#行動 #追著尾巴繞圈

這是在跟主人說「來玩吧！」

貓沒事做的時候會追著自己的尾巴繞圈圈。不過，這樣的舉動主人看不懂。這時不妨對著主人把尾巴捲成倒U字形，找他一起玩你追我跑。如果主人開始追著你跑，那就好好玩吧！不過，有些主人真的很遲鈍。遇到這樣的主人，只好惡作劇一下，讓他知道你閒得發慌。

貓奴小叮嚀 貓會去追逐四處逃竄的小東西。有些貓玩到一半，剛好看到自己的尾巴，結果沒發現那是自己的尾巴，以為那是獵物，所以拚命地追著跑。

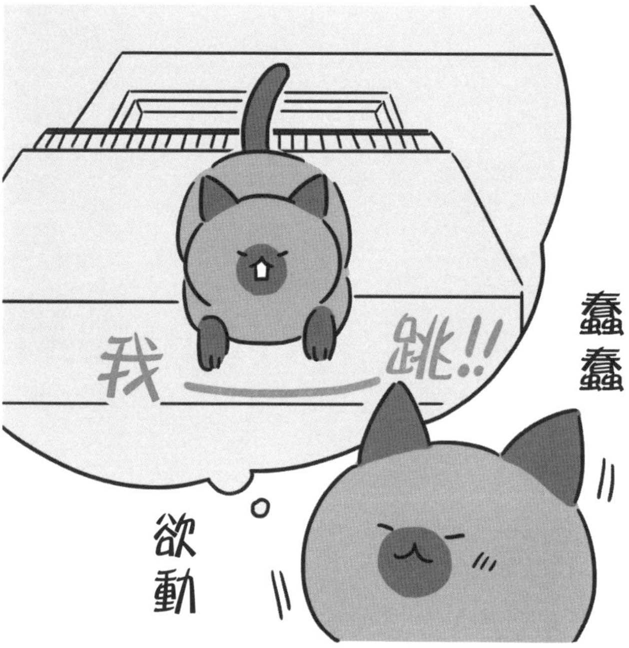

突然很想往下跳

#行動 #高樓症候群

想從高處往下跳的「高樓症候群」

由於這種欲望好發於高樓大廈，故得此名。我們貓族的平衡感很好，從高處掉落的過程中能夠調整姿勢避免受傷，但有時仍會骨折或肺臟破裂，最糟的情況就是死掉。而且可怕的是，因為叫「症候群」，有過一次經驗就會重複發生……。請各位喵友絕對不要隨便從高處往下跳喔。

貓奴小叮嚀 切記，就算是從二樓掉落，也有可能會死亡或留下後遺症。不要因為住在低樓層就放任喵主子出入陽台，窗戶隨時關好是最佳的預防對策。

最棒的休息姿勢是什麼？

#行動　#休息姿勢

趴在高處，腳晃啊晃～♪

真的很累的時候，該用什麼姿勢休息才好？趴在高處，讓腳晃啊晃非常舒服喔！貓在野生時代就會像這樣趴在樹上休息，那樣的習性仍保留至今。搖晃腳可幫助散熱。如果家裡有貓塔，請試著趴在頂端。這樣一來應該會覺得疲倦盡消，心情愉悅。

貓奴小叮嚀　趴在高處，全身放鬆搖晃腳的模樣，簡直就像趴在樹上休息的獅子啊！通常這時候喵主子都很累，請別勉強牠起來。而且，這也是拍照的好機會。

到了春天就「性」致高昂！

#行動　#春季亢奮

春天是戀愛的季節

有些喵友說，每到春天，住在一起的喵友就會很興奮……，那他應該是遇到好對象了。春夏是貓生育後代的季節，到了春天，繁衍子孫的本能讓身體蠢蠢欲動。因為身體進入交配模式，心情也變得雀躍，這就好比人類的戀愛。春天是戀愛的季節，或許你也會遇到你的真命天喵喔。

貓奴小叮嚀　到了春天，喵主子可能會變得靜不下來，有時還會大聲叫，因為牠進入了發情期。即使是家貓，也可能在發情期跑出家外而迷路，或是和野貓生孩子，請好好留意。

Column

貓的「性」事

貓的發情期是在日照時間變長的時期，一年會發生數次，最大的發情期是初春。因為這段時期氣候溫暖，容易捕獲獵物，比較好生育後代。不過，現代的貓都生活在晚上有燈光的環境，而且不愁吃喝，所以冬天也會發情。母貓發情後，散發的費洛蒙吸引公貓也跟著發情。由於主導權在母貓，公貓只好聚集至母貓身邊，透過叫聲或氣味努力宣示自己的存在。這場母貓爭奪戰徹底激發公貓的戰鬥魂！

別靠近我

你好帥喔

不OK?

我也有過那樣的時期啊～。我以前和貓界女神在一起過喔！你說我吹牛？我現在老歸老，還算帥吧！聽我的過來貓建議準沒錯。總之，撒泡臭尿好好宣傳自己吧！（請參閱P85）

忍不住舔前腳

#行動　#舔腳

變回小寶寶的感覺

喵友們，各位有過想舔前腳的時候嗎？說出來真難為情，其實我也有過。這個舔腳的舉動要回溯到我們小時候……。當時的是沾在前腳的母奶，那樣的習性仍保留至今。雖然已經長大，偶爾變回小寶寶也不錯啊！另有一說是，理毛的時候會咬爪子，後來變成含前腳的動作。

貓奴小叮嚀 喵主子舔前腳是為了靜下心。因為小時候被母貓舔覺得心情平靜，所以長大後自己舔。被撫摸應該也有相同效果。

感覺有危險時，變得全身僵硬

#行動　#僵硬

避開危險的正確姿勢

在野外遇到敵人時，為了不被認出是「動物」，要靜靜地待在原地保護自己。假如身陷險境，建議你最好像石頭一樣動也不動。不小心眨眼就麻煩大囉！請把自己當成石頭。如果對方的警戒心強，或許會跟你耗一會兒，但基本上都能全身而退。萬一察覺到不對勁，請趕快逃走。保命要緊，逃為上策。

貓奴小叮嚀 有時喵主子會突然在你面前變得僵硬。牠應該是覺得你散發出危險的氣息。這時候，先離開現場。只要你不在，牠就能消除不安，回復放鬆狀態。

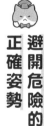

喵星人劇場

解放後自嗨

一點點

第5章

身體的祕密

視覺、聽覺、嗅覺、運動神經……。

你或許還沒發現自己的潛能?!

視野非～常寬廣

#身體　#視野

斜後方的獵物也能看得很清楚

沒錯！我們貓族即使看著前方，也能看到斜後方。所以，很快就能捉到獵物，敵人從後方接近也會馬上察覺。人類的視野範圍只能看到旁邊。喵友們可以試著悄悄站到主人的斜後方，絕對不會被發現。過了一會兒，等主人發現時一定會很驚訝地說「嚇我一跳！你怎麼會在那裡?!」，人類真的是很散漫。

貓奴小叮嚀

人貓視野比一比。首先是，面向前方的整體視野，人類是二一〇度，貓是二八〇度，貓勝！接著是，雙眼重疊部分的視野，人類是一二〇度，貓是一三〇度，又是貓勝！這下子各位應該明白貓有多厲害了吧？

看不出「紅色」……

#身體　#色覺

夜晚的世界不需要分辨顏色

貓本來就是夜行性動物，而且在暗處不需要分辨顏色。人類的世界光是藍色就分為數十種（甚至更多），而人類所說的「灰色」就等於貓眼中的「紅色」。

分辨顏色並不是求生的必要能力，所以不必擔心。如果主人穿上新衣問你：「這顏色適合我嗎？」，「喵～」一聲應付一下就好了。

貓奴小叮嚀　貓感知顏色的視細胞只有人類的五分之一左右。尤其缺乏察覺紅色的細胞，對貓來說，紅色是近似灰色的顏色。雖然比較容易分辨藍與綠，但看到的狀態還是比人類模糊。

在陰暗的環境還是看得見

#身體　#脈絡膜毯(tapetum lucidum)

貓有「照膜」，所以看得見

脈絡膜毯、脈絡膜毯、脈絡膜毯……覺得這個字聽起來很陌生嗎？這是在視網膜後的一層膜。脈絡膜毯能夠讓微弱的光變成約一．五倍的亮度。很厲害吧？因此，貓可以在陰暗的環境中活動自如。各位喵友在暗處時，記得打開你的脈絡膜毯喔。可是，脈絡膜毯只在有光的地方才會發揮作用，沒光的黑暗場所起不了任何作用。總之，脈絡膜毯聽起來很酷對吧。

貓奴小叮嚀

「貓的眼睛在黑暗中會發光耶！」，許多人對此感到驚訝。但對貓來說，這樣的反應實在大驚小怪。貓眼發光的理由是，脈絡膜毯收集到的光反射所致。所以，下次見到請別大聲嚷嚷。

遠方的東西看不清楚

#身體 #近視

不會動的東西，看起來很吃力……

貓看靜止不動的東西會很吃力。如果距離二十公尺根本看不清楚，通常視界的兩端會顯得很模糊。不過，看正在動的東西，也就是動態視力，那可是超強的唷！喵友們看過電視嗎？對我們來說，那是持續改變的靜止的畫面，不過對人類卻是流暢的動畫。要是我們的動態視力差一點，就能享受看電視的樂趣了。

貓奴小叮嚀 貓是近視，只有〇・二～〇・三的視力，可是牠們有絕佳的動態視力。距離五十公尺的地方，如果有東西在動，牠們可以看得很清楚，每秒僅四公厘的微小動作也絕對不會錯過。喵主子真的很厲害對吧？

貓寶寶的藍色眼睛真可愛

#身體 #幼貓藍眼(kitten blue)

小貓的眼睛都藍藍的

小貓的藍色眼睛很可愛對吧。喵友們小時候也是這樣喔。或許有些喵友會說「現在一點都不藍啊」，那是因為，藍色眼睛只限小貓時期，那稱為「幼貓藍眼」。隨著成長，黑色素沉澱，眼睛的顏色逐漸改變，成為現在的顏色，變成什麼顏色則和基因有關。要是你不相信，可以問問主人，請他讓你看看小時候的照片。

貓奴小叮嚀 雖然不是每隻貓都一樣，出生後兩個月左右，色素開始變得明顯，大約六個月的時候，顏色就會固定。黃色、金色、綠色等，貓的眼睛會變成各種顏色。家中有小貓的話，請好好期待牠的眼睛會變成什麼顏色。

奇怪，主人沒聽到那個聲音嗎？

#身體　#聽覺

貓擁有出色的聽力

咦？天花板那兒有老鼠的腳步聲。貓是天生的獵人，聽力比人或狗敏銳，像人類就聽不到老鼠發出的微弱聲音，但不能告訴他們「那裡有老鼠」喔。因為人類很怕老鼠，說了會讓他們手忙腳亂。而且，家裡說不定以後就到處都是捕鼠的機關。如果想過平靜的生活，還是假裝沒聽見吧。

貓奴小叮嚀　貓的五感之中，最優秀的就是聽力。人類的可聽範圍是二十～二萬赫茲，狗是二十～四萬赫茲，貓則是三十～六萬赫茲。牠們利用如此出色的聽力察覺小動物發出的微弱聲音，進行狩獵。

那聲音是，我最愛的飯飯！

#身體　#聽覺

貓能夠分辨出聲音的微妙差異

主人在別處準備食物時，我們貓族總是能很快發現。今天的飯飯是我愛吃的東西，太棒了。若說貓的優秀聽力就是用來吃飯一點也不為過。聽到喜歡的食物發出的聲音，隨即衝向主人。如果聽到是不喜歡吃的東西，不少喵友都會落跑，明明是有明確的理由才跑開，有些人類卻說「貓真是任性啊～」。

貓奴小叮嚀 就連老鼠的動靜也能察覺，飼料袋的聲音對貓來說根本小事一件。喜歡的飼料，袋子會發出「喀沙」聲，討厭的飼料則是「喀嚓」。假如你想偷偷把討厭的飼料倒進喜歡的飼料袋裡，當心被喵主子抓包喔。

走路的時候搖晃尾巴

#身體 #搖尾巴

用尾巴保持身體平衡

邊搖尾巴邊走路的姿勢，看起來很優雅對吧？尾巴的厲害之處不只是為外表加分，走路時還能保持身體平衡。如果走偏了，貓會利用尾巴根部的十二條肌肉重新調整姿勢。從高處往下跳，或是走在狹窄的護欄上、往上跳等。這些很自然完成的動作都是因為有尾巴才做得到。只要有三公分左右的寬度，貓就能行走。

貓奴小叮嚀 有些人會擔心「我家的貓尾巴很短，這樣有辦法保持平衡嗎？」。當然可以！請仔細觀察那短短的尾巴，雖然比長尾巴略遜一籌，還是能確實搖晃保持平衡。

「甜」是怎樣的味道？

＃身體　＃味覺

類似碳水化合物的味道

人類的女性常會開心尖叫著說「這個甜點好甜好好吃喔～」。貓不懂甜味，不知道那是什麼感覺，但小麥之類的碳水化合物的味道，應該很類似「甜」味。不過，因為貓不吃腐爛的東西或有毒的東西，對苦味、酸味倒是很敏銳。

人類所說的「鹹」味也是大自然不需要的東西。

總之，貓察覺不出甜味或鹹味。

貓奴小叮嚀　「我那麼用心準備，不要一口氣就吃光啊！」，有些人會因此感到沮喪，可是貓本來就不懂得「品嚐」。為了不被搶走安全的食物，狂吞猛嚥才是享受吃的幸福。

Column

貓的「貓舌頭」

怕燙的人會被說是「貓舌頭」。其實不光是人類，所有的動物都是貓舌頭。因為在自然界中，不會有比自己體溫更高的東西。不了解這件事的主人，有時會自以為體貼端出熱熱的食物。人類似乎認為「熱熱的食物＝滿滿的愛」，熱熱的食物是愛的表現。如果反應太冷淡，主人會難過，但還是等到變涼再吃吧。

是啦是啦，就算我很愛吃也不會吃熱熱的食物。幹嘛吃那麼燙的東西？是說，去年夏天的某天，我的主人說「很熱吧？喝點這個消消暑」，讓我喝了很冰的水。我邊喝邊想「也太～冰了吧」，結果就拉肚子了……。有些喵友喜歡冷一點的東西，但我覺得溫的比較好。各位主人請好好掌握貓的喜好。主人，我要吃飯飯了。

舔舔舔。用舌頭舔一舔，就會變乾淨？

#身體　#理毛

表面粗糙的舌頭可以清除汙垢

第二章也提過「貓需要洗澡嗎？」（請參閱P66）這件事。喵友們看過自己的舌頭嗎？表面佈滿細小的倒刺。那些倒刺就像能清除細微髒汙的刷子。此外，為了維持毛的美麗，也得借用主人的手。為我們梳毛對主人來說是很幸福的事。坐在主人的膝蓋上，看著梳子「喵～」一聲，他們就會開心地幫忙梳毛。

貓奴小叮嚀 貓舌表面有許多稱為「鉤狀乳突」的細小突起物。這相當於刷子的功能，能讓貓把身體舔乾淨。所以，喵主子不需要洗澡，但偶爾要幫牠梳毛。

貓的腳程到底多快？

#身體　#腳程

最快速度是……驚人的時速五〇公里！

速度和獵豹差不多……才怪，是沒那麼厲害啦，但在動物當中，貓的速度算快的了。

比起持久力，貓的專長是衝刺。把貓想成是體型縮小的豹，相當發達的後腿肌肉有如彈簧。「好，我去囉！」這麼想的同時，牠們就會使出彈簧腿奮力向前衝。想知道自己的速度有多快，請主人幫你測量吧。

貓奴小叮嚀　長頸鹿和水豚也是時速五十公里的動物。嗯，感覺牠們速度都不快。時速五十公里約為秒速一三公尺。也就是說，跑一百公尺大概是七秒。這樣有覺得很快了吧？

貓的跳躍力超強喔！

#身體　#跳躍力

最高紀錄……兩公尺！

前頁的「腳程」也有提到，貓的後腳有如彈簧，這對跳躍也有幫助。一起來試試看吧，請擺出平時的姿勢，後腳的膝蓋有彎曲對吧？也就是說，彈簧是折疊的狀態。聽到「預備～跳！」的時候，一口氣伸直膝蓋（＝放開彈簧）喔。預備～跳！……跳得很高吧。經常鍛鍊的前輩們，可以跳到自己身長的五倍唷。各位喵友平時也稍微鍛鍊一下，但請留意別受傷。

貓奴小叮嚀　養貓的人都知道，貓能夠跳得很高。所以啊，別把不能摔落的東西擺在牠們跳得到的地方。「這兒應該碰不到吧」，假如你輕忽喵主子的實力，吃虧的可是自己。

少惹我！賞你一記貓拳！

#身體　#貓拳

有鎖骨才辦得到的絕招

就算對方在稍有距離的地方，也能用前腳使出貓拳進行攻擊。這一招靠的是鎖骨。身體小歸小，因為有鎖骨，貓可以自由地左右移動前腳。狗幾乎沒有鎖骨，所以前腳無法左右移動，當然也使不出狗拳。他們除了直接攻擊就只能叫，想想還真無奈，怪不得有「敗犬的遠吠」這句話。既然狗這麼可憐，喵友們請不要對牠們出貓拳。

貓奴小叮嚀　貓出生後一～兩個月左右就會邊玩邊學習怎麼出貓拳。除了打架，確認安全時也會用到貓拳。對於初次見到的玩具，心想「這東西安全嗎？」接著使出貓拳，確定是安全的東西才會開始玩。

今天的飯飯，聞起來臭臭的……

＃身體　＃嗅覺

就算吃了，還是要以氣味判斷是否安全

聞起來臭的食物可能已經壞了，快退還給主人。我們貓族會用氣味判斷食物的安全性。各位喵友不會吃那些聞起來沒味道的東西對吧？因為無法判斷安不安全。此外，從氣味也能知道貓食中添加了哪種蛋白質。蛋白質對貓來說是重要的能量來源。還有這種說法，毛色深的貓的嗅覺比毛色淺的貓敏銳。

貓奴小叮嚀　動物嗅覺的好壞依鼻黏膜細胞的數量或性能而異。人是一千萬個，貓是六千萬個。據說貓的嗅覺是人的好幾倍。順帶一提，警犬的鼻黏膜細胞是兩億個。遇到警犬，想逃也逃不掉……！

Column

鼻子乾乾的＝想睡

喵友們，請摸摸看你的鼻子。是不是有點濕？這代表你的鼻子很健康。因為濕濕的鼻子才容易吸附氣味分子。不過，放鬆或睡覺的時候，鼻子表面通常是乾乾的。與喵友一塊兒放鬆時，突然興起想玩的念頭，先確認喵友的鼻子狀態。要是乾乾的，表示他可能睏了。不要勉強他一起玩，讓他好好睡一會兒。

濕濕的鼻子除了嗅聞氣味，也比較容易察覺風向或溫度。貓會用鼻子測試食物的溫度。不過，必須是「適度」的濕。如果是流鼻涕變得濕答答的話，那就不是適度的程度，應該是感冒了。蛤，你的鼻子總是乾乾的？快請主人帶你去看醫生。

睡著了還是會動來動去？

#身體　#睡姿

動來動去可能是在做夢

我同事老在我的研究室睡午覺。前幾天，原本安靜睡覺的同事突然朝著空中揮拳。之後又像什麼都沒發生過似的繼續熟睡。同事醒來後，我問他剛剛怎麼了，他說「我夢到在打架的夢啦！」。又過了幾天，他邊睡邊說「唔喵唔喵～」，伸直前腳做伸展操。那次他也說是「做夢」，所以有做夢的時候說不定會動來動去。

貓奴小叮嚀 到底是不是在做夢，只有喵主子知道。不過，貓和人一樣也會邊睡邊說話或動來動去。有人說那是動眼睡眠的狀態。反正那模樣蠻可愛的，靜靜看別吵醒牠，讓牠舒服地睡一覺。

肉球好～Q彈

#身體　#肉球Q彈

那是滿滿的脂肪

人類超愛我們的肉球。Q彈的肉球，其實是脂肪與大量的彈性纖維。肉球的厚度是長了毛的皮膚的一〇〇倍左右。不只是有彈性，還有吸收衝擊力的作用。把肉球當作緩衝墊，走起路來完全沒聲音。貓狩獵的時候，埋伏等待獵物，悄悄接近後，立刻咬住。為了不讓獵物發現，消除腳步聲的肉球是不可或缺的存在。

貓奴小叮嚀

肉球的皮膚厚度約一公厘。其他皮膚的厚度約〇．〇一公厘，所以肉球算是頗厚。愛肉球的人很多，其實那和人類手掌柔軟的部分是相同的組織。不過，還是貓掌可愛一〇〇倍。

肉球……硬硬的?!

#身體　#肉球粗硬

皮膚變硬了，趕快告訴主人

變硬的皮膚叫做「皮角」。通常是長在肉球，也會長在其他地方。雖然皮角並非惡性，但有時是因為生病才長皮角。尤其是上了年紀的貓更要留意。如果發現有皮角，讓主人看看你的腳。最愛肉球的主人應該會發現那個異狀。要是被帶去醫院，也記得讓醫生看看你的腳。

貓奴小叮嚀　皮角的原因是皮膚的角質增生於某個部位。有時是因為鱗狀細胞癌等疾病所致，假如發現有皮角，請帶喵主子去醫院接受診療。感染貓白血病病毒的貓也容易長皮角。

肉球滲水了！

#身體　#肉球滲水

貓只有肉球的部分會出汗

肉球滲水讓你嚇到了吧！別擔心，你沒生病。那是身體釋出的水分，也就是汗。請摸摸看你的肉球。是不是有點濕？平常都是這樣的狀態。被敵人追趕覺得緊張時，會出更多汗。你有在榻榻米上走過嗎？走在榻榻米上會發出「啪嘰啪嘰」的聲音，那是因為肉球變濕的關係。對了，爬往高處時，肉球的汗可以幫助止滑喔。

貓奴小叮嚀 人體各處都有汗腺，但貓只有肉球有。而且，貓不像人是熱的時候出汗，而是躲避敵人等緊張的場面才會出汗。覺得熱的話，牠們會移動至涼爽的地方，伸展身體散熱。

4、5……前後腳的腳趾數不同?!

#身體　#腳趾數量

前腳五根，後腳四根

沒錯，這位喵友的觀察力很敏銳。貓的前腳是五根腳趾，後腳是四根腳趾。你數過肉球嗎？肉球有各自的名稱。首先是前腳。五根腳趾各有一個「指球」，中央有一個「掌球」，偏下方的位置還有一個「手根球」，總共七個。後腳是四個「趾球」，中央有一個「足底球」，但沒有「手根球」，總共五個。不光是腳趾的數量，肉球的數量也不同喔。

貓奴小叮嚀　貓用四根腳趾支撐身體，以踮腳的狀態行走。當牠們發現獵物時，那樣的姿勢可以立刻追捕獵物。前腳的手根球沒什麼用處，那或許是以前用腳跟走路退化的關節。

肚子下垂是因為變胖了？

#身體　#下垂的肚子

那是貓都有的垂肚

那是多餘的皮膚，稱為「垂肚（primordial pouch）」，每隻貓都有。垂肚存在的理由有三個。第一，減緩肚子受到的攻擊。第二，讓後腳活動自如，扭身體或全力跳躍時，少了垂肚的皮膚就無法順利完成。最後一個理由是吃太多……要是垂肚很顯眼，可能是變胖了。

貓奴小叮嚀　垂肚的英文名稱「primordial」意指「原始的」，由此可知那些靠近野生的種類，垂肚會很明顯。經過大量減重的貓，鬆垮垮的肚子會變成不合體型的大垂肚。

感受空氣的流動

#身體　#鬍鬚感應器

萬能＆敏銳的鬍鬚感應器超好用！

除了動態視力與聽力，貓還有其他出色的感覺器官，當中以鬍鬚最為優秀！鬍鬚的根部有許多知覺神經，觸碰到某個東西就會瞬間傳達至大腦。就連空氣的些許流動也能察覺。順帶一提，判斷窄路能否通行時，也會用到鬍鬚。鬍鬚前端連在一起形成的圓，就是身體能夠通過的尺寸。用鬍鬚觸碰通道，確認能否通行。

貓奴小叮嚀 新生小貓的眼睛尚未睜開，所以看不見，牠們是用鬍鬚找尋母貓的乳房。鬍鬚對貓來說是不可或缺的東西。因為非常纖細，請不要拉扯。隨便剪短也不行喔。

Column

萬能的鬍鬚卻對溫度失靈

才剛發下豪語說「鬍鬚萬能！」，但任何東西都會有一項弱點。鬍鬚唯一的弱點是，對溫度的感應遲鈍。貓的皮膚本來就對溫度變化很遲鈍。即使是身體最敏感的鬍鬚，也要等到溫度接近五十度才會覺得「好像有點熱？」。啊，那位老爺爺，您的鬍鬚好短喔。難道是……果然是被暖爐燒焦變短的。

去年冬天真的好冷。我在燒得很旺的火爐旁打盹。結果主人衝過來，相當慌張地說「鬍鬚，你的鬍鬚！」……。我自己是毫無感覺，但我的鬍鬚被燒焦變短了。原本以為是上了年紀，反應變得遲鈍，聽了貓博士的說明，看樣子是所有的貓都這樣啊～哈哈哈。

腳上有長毛……

#身體　#長毛

長在身體各處的長毛也是鬍鬚

「鬍鬚只長在嘴巴周圍嗎？」，當然不是！嘴巴周圍長了頗長的鬍鬚，身體各處也會長鬍鬚（觸鬚）喔。看看前腳的手根球（位置偏下方的肉球），附近是不是長了三～四根長毛，那就是觸鬚。這兒的觸鬚對狩獵很有幫助。因為能察覺獵物的微妙動作，就算裝死也會馬上知道。抓住要害讓獵物斷氣，接著飽餐一頓。

貓奴小叮嚀 長在身體的鬍鬚為了與身上的毛區別，稱作「觸鬚」。像貓一樣用前腳捕捉獵物的肉食動物，手根球附近的觸鬚相當敏感。即使走在黑暗中，也能不依賴視覺，靠觸鬚掌握周圍的狀況。

需要在意膽固醇嗎？

#身體　#動脈硬化

有點高的話，不會造成動脈硬化

「膽固醇有點高，但不會造成動脈硬化，別擔心」，喵友們有被這麼說過嗎？動脈硬化是指血管的傷口被膽固醇等附著變硬，容易引發血栓的狀態。肉類所含的「N-羥基乙醯神經胺酸」會傷害動脈，不過除人類之外的大部分哺乳類（也包含貓），體內本來就有這種物質，所以即使攝取這種物質也不會傷害動脈，不易罹患動脈硬化。

貓奴小叮嚀 雖然貓比人類不易罹患動脈硬化，膽固醇值異常偏高時仍要注意。胰臟炎或糖尿病等疾病會讓膽固醇值上升。別輕忽檢查結果，請和醫師好好討論。

吃飽沒多久就拉

#身體　#立刻排便

那是因為肉食動物的腸道構造

肉食動物消化食物的腸子導致那樣的情況。貓的腸子約是體長的四倍，雜食動物的人類約為五倍，草食動物的牛則是三十倍左右。

肉食動物的腸子為何那麼短？那是因為吃的東西不同。草食動物吃的東西沒什麼營養成分，消化吸收需要花比較多時間，所以腸子才會那麼長。至於肉食動物吃的東西含有高能量，就算腸子短也不會影響消化吸收。

貓奴小叮嚀 有時喵主子嗯嗯完，毛會沾到便便……。這時候，請悄悄用濕紙巾幫牠擦掉，或是用梳子梳除。如果每次都會沾到，請和醫生討論看看，剪掉臀部的毛也是一種方法。

我嘴裡有尖銳的利牙喔！

#身體 #露牙

尖銳的牙是用來咬獵物

因為長相可愛常被忘記，其實我們貓族是肉食動物。「才不是哩」也許有些喵友會這麼想。那麼，請走到鏡子前，啊～地張開嘴瞧瞧。上下各有六顆門牙，那是用來把肉從骨頭上啃下來的「切齒」。切齒兩端的尖牙是咬獵物用的「犬齒」。長在內部用來磨碎肉的是「臼齒」。捉獵物↓啃肉↓咬碎。怎麼看都是肉食動物才會做的事對吧？

貓奴小叮嚀 你知道貓也會換牙嗎？乳齒共有二六根，出生後三～八個月會全部掉光。要找到掉下來的乳齒是很困難的事。聽說有些主人偶然發現乳齒後，會相當珍惜地保管。

身體可以拉得那麼長啊？！

#身體　#身體拉長

伸縮自如的祕密在於關節

超厲害的伸展功。體長可以變成平常的一．三倍左右喔。有些喵友甚至可以伸長到一．五倍。為什麼貓可以把身體伸得那麼長？那是因為柔軟的關節。利用橡膠般的關節蜷縮身體，擺出歐吉桑的坐姿或是向後仰，還能隨意地伸展身體。因為平常都縮成一團，突然間伸長身體，不少主人看到都會嚇一跳。

貓奴小叮嚀　貓骨頭的數量依尾巴的長度而異，基本上是二四〇根左右，比人類多出約四十根。最特別的是脊椎。貓的脊椎是非常柔軟的S型唷！因此，就算是狹窄的場所，牠們也能順利通過。

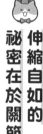

毛變白了。難道是生病?!

#身體 #白毛

別擔心，那只是老了

人類也有很多頭髮變白的老爺爺、老奶奶吧？那些人以前都是黑頭髮，上了年紀後，白髮才逐漸增加。貓也是如此，隨著年齡增長，毛的色素會變淡。從黑色變成巧克力色，然後白毛也變多……。黑貓尤其明顯，實在很難不去在意。試著把白毛想成是豐富歷練的勳章，珍惜並接受它。白毛不是因為身體健康出狀況，喵友們請放心。

貓奴小叮嚀 除了上了年紀的白毛，極少數是因為部分製造色素的細胞失去功能的「白斑(白癜風)」所致。變白的部分慢慢增加，甚至變成全白。雖然暹羅貓的發生率略高，對健康並無影響。

喵星人劇場

做夢

整喵大作戰

第6章

貓雜學

不知道就虧大了的小知識。

參加貓聚會時，可當作閒聊的話題。

有些人會拍車子

#雜學　#貓砰砰

那麼做是要確認車裡有沒有貓

有沒有貓睡在車裡？用手拍打車子，讓貓嚇到跑出來。這正是那些人的目的。

在天氣變冷的季節，有些喵友會鑽進輪胎或引擎蓋取暖。不知道車裡有貓的人，直接發車造成意外的情況經常發生。為了避免那樣的情況，於是拍打車子確認有沒有貓。千萬別假裝不在。快點從車裡出來，或是「喵～（我在喔）」一聲給予回應。

貓奴小叮嚀 天氣變冷時，有些貓為了取暖會鑽進車裡。開車前，①巡視車子的下方或輪胎周圍、②拍打引擎蓋，仔細聽有沒有貓叫聲（這個舉動稱為貓砰砰），感謝您的合作。

我想當名貓！

#雜學　#名貓

我要成為貓界天王（天后）

喵友們知道美國的「襪子」（Socks Clinton）嗎？他是前總統柯林頓養在白宮長達八年的「第一貓」。生活在白宮，聽起來好酷喔！受到世界關注，成為全球知名的貓，在歷史上留名。他是柯林頓先生當選總統前撿到的流浪貓。所以說，找到會當總統的人很重要（笑）。當然，找到以後也別忘了表現出紳士風範喔。

貓奴小叮嚀 總統不是人人能當。不過，最近在IG等社群網站出現不少名貓，或許可以試試看當網紅。把鏡頭對準喵主子的視線拍照，就能拍到很可愛的表情囉♪

我想長命百歲，登上金氏世界紀錄

#雜學 #長壽

活到三十八歲又四天就能打破紀錄

目前的金氏世界紀錄中，最長壽的貓是美國的奶油泡芙（Cream Puff），活了三八歲又三天。日本最長壽的貓是青森縣的YOMO子，一九三五年出生的牠，活了三六年。日本貓的平均壽命是一五．〇四歲，有外出習慣的貓是一三．二六歲，足不出戶的貓是一五．八一歲。此外，貓也和人一樣，母貓活得比公貓久。近年來，愈來愈多貓死於癌症或衰老，醫療技術的進步應該也能延長貓的壽命吧。

貓奴小叮嚀 貓齡換算為人齡的算式是「18＋(年齡－1)×4」。奶油泡芙相當於人類的一六六歲。日本貓的平均壽命是人類的七四歲。目前活最久的人類是一二二歲又一六四天。這麼看來，奶油泡芙真的好長壽喔！

※　日本寵物食品協會2016年的調查資訊

看到醫生總是心兒怦怦跳

#雜學　#白袍症候群

這是血壓飆升的「白袍症狀群」

看到醫生就莫名緊張，怕他會對自己做什麼，心臟狂跳彷彿就要爆開……。在那樣的狀態下量血壓，數值會比平時高，這稱為「白袍症候群」，白袍是醫師穿的衣服。人類的世界有「吊橋效果」這種理論，那是誤將恐懼感當成對某人的好感，因而產生愛意。如果愛上醫生的話，那討厭的醫院也會變得喜歡吧。

貓奴小叮嚀 為了不讓喵主子緊張，在候診室避免接觸其他貓。把寵物提包蓋上布，遮住牠的視線範圍。診察過程中不少主人會大叫「加油！放輕鬆！」，但這樣反而會讓貓變得興奮，請別這麼做。

所有植物都可以吃嗎？

#雜學　#貓草

保證安全的貓草，請放心享用

就算看起來很好吃，貓不能吃的危險植物多達七百種以上，包括百合、鬱金香、聖誕紅、牽牛花、蘆薈、仙客來……要全部記住真不容易。不過，主人給的貓草很安全，可以放心吃。貓草能讓卡在肚子裡的毛球隨著糞便排出體外。「因為很好吃，不小心吃太多」該怎麼辦？別擔心，貓草幾乎不會被身體吸收，也不會發生營養失衡的問題。

貓奴小叮嚀　喵主子不吃貓草也沒關係。攝取富含膳食纖維的食物或營養補充品，也能讓腹內的毛球隨著糞便排出。如果常吐毛球，或許是其他疾病所致，請帶牠去醫院接受診察。

Column

香氛對貓是危險之物

用香氛幫助動物放鬆的「寵物芳療」在人類之間很流行。可是對我們貓族來說，這非但無法放鬆，還相當危險。芳療使用的精油（從植物萃取的油）含有少量會引起中毒的物質。除了以下介紹的幾種，具危險性的還有很多。當主人點精油時，趕快離開讓他知道「我不需要做芳療」。

貓討厭的精油（內為學名）

檸檬（Citrus limon）
橙（Citrus sinensis）
橘、桔（Citrus reticulata）
葡萄柚（Citrus paradisi）
萊姆（Citrus aurantifolia）
香檸檬（Citrus bergamia）
歐洲赤松（Pinus sylvestris）
黑雲杉（Picea mariana）
膠冷杉（Abies balsamica）
奧勒岡、牛至（Origanum vulgare）
百里香（Thymus vulgaris）
丁香（Eugenia caryophyllata）
夏季香薄荷（Satureja hortensis）
冬季香薄荷（Satureja montana）
肉桂（Cinnamomum cassia）

精油名稱有時依地區而異，請務必確認學名。

基本上，貓不喜歡強烈的香味，尤其討厭柑橘類的香氣。「點了精油的房間，我才不會靠近！」，很多貓都是如此。順帶一提，人類噴灑在院子裡的「驅貓噴霧」即含有薰衣草、肉桂、迷迭香、橘子等成分。

我很胖嗎？

#雜學 #體重

比一歲的體重多一・二倍就是肥胖

肥胖是指「比理想體重多一・二倍的體重」。理想體重是成長期結束時的體重，也就是一歲生日的體重，那是貓一輩子的理想體重。不過像緬因貓的成長期較長，所以不是一歲生日的體重。當然，理想體重會依種類或性別而異，但平均約在三~五公斤。各位喵友如果想知道可以去問主人，他們應該都有做記錄才對。

貓奴小叮嚀 據說四成的家貓都有肥胖的情況。「胖胖的還是很可愛，沒關係啦」很多主人都會有這種想法，但肥胖是疾病的根源。順帶一提，腹部的皮膚因肥胖而撐大後，就算變瘦也不會恢復喔！

Column

胖貓診斷

請主人幫忙確認看看♪

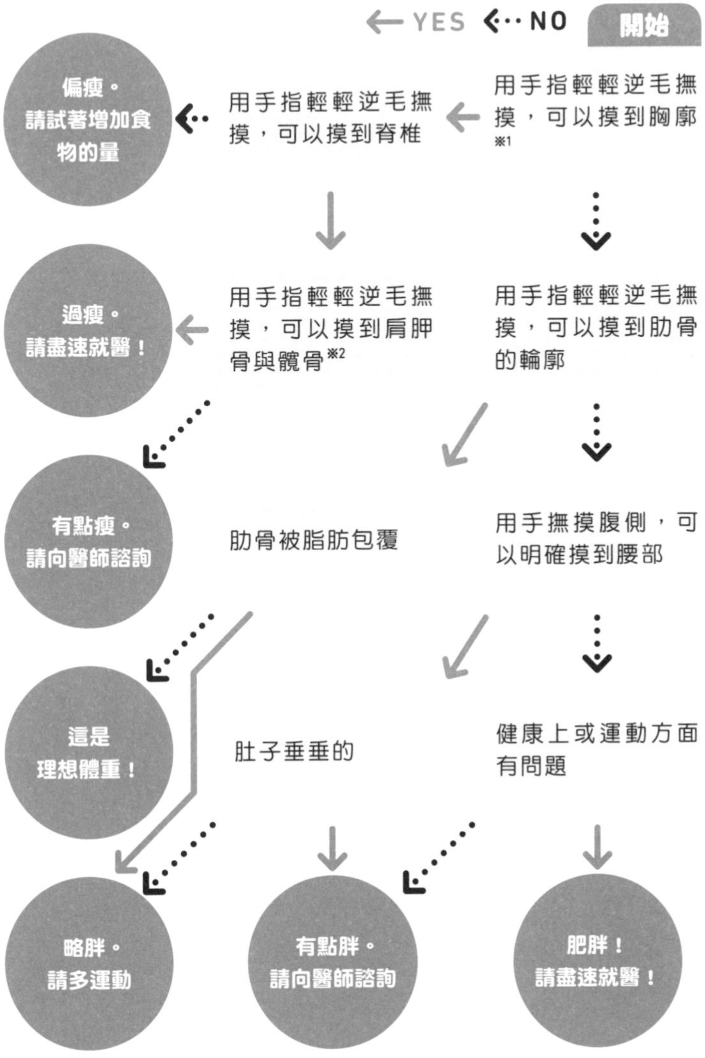

※1 胸廓是指胸骨、肋骨、胸椎。摸了能夠感覺到胸部與腹部的差異就沒問題。
※2 髖骨是骨盆的一部分。以人類為例，手叉腰時，摸到的就是髖骨。

主人的鼻子裡有毛……

#雜學　#鼻毛

雖然貓沒有，但人類的鼻子裡有長毛

那是我們貓族沒有的「鼻毛」。為何人類會有鼻毛？那是為了不讓灰塵進到鼻子裡，用鼻毛擋下灰塵。貓為什麼沒鼻毛，至今原因不明。不過，看到主人的鼻毛就知道，實在不怎麼好看對吧？而且，還會從鼻子跑出來，真糗。那種狀態下出門，肯定會被其他人笑。這時候請小聲地提醒主人：「照照鏡子，你的鼻毛跑出來囉。」

貓奴小叮嚀　雖然貓沒鼻毛，但牠們的耳朵前端有人類沒有的「房毛」。柔軟的毛豎得直挺挺，作用是感應風向與聲音。上了年紀會變短，但緬因貓或挪威森林貓就算長大還是看得到。

我和喵友的慣用腳怎麼不一樣

#雜學 #慣用腳

通常母貓是右腳，公貓是左腳

「出貓拳的腳、抓獵物時最先用的腳，我是右腳，他卻是左腳」……所以，你是右撇子，他是左撇子。別擔心，這不是你們合不來，而是荷爾蒙的關係。狗或馬、人類也是雄性比較多左撇子。據說男性荷爾蒙的「睪固酮」和左撇子有關。不過，貓真的有慣用腳嗎？目前尚在研究中。

貓奴小叮嚀 各位可以在家調查喵主子的慣用腳是哪一邊。先讓牠看鮪魚點心，接著放進透明的瓶子裡，觀察牠為了取出最先用的是哪隻腳。一天做十次，隔一天後再進行，總共做一百次。每次要給兩分鐘以上的休息時間。

如何分辨公貓與母貓？

#雜學 #區別公貓母貓的方法

一看臉就知道

首先是看臉型。比起母貓，公貓的臉較為橫長。因為經常打架，容易被咬，所以臉頰比較厚。母貓的下巴小，臉型較圓潤。其次是長鬍鬚的部位，公貓臉寬，看起來粗獷。再來是鼻子的大小，公貓的鼻子寬，離眼睛也較遠。最後是眼睛的大小，雖然實際大小相同，公貓因為臉較大，眼睛相對顯得小。

貓奴小叮嚀 公貓母貓的體格也有差異。當然，公貓的身體較大，但特別留意頭、肩、前腳的大小會更容易分辨。這麼說有點誇張，公貓的體格好比獅子，母貓是獵豹。不過，小貓就不太容易分辨了。

人類眼睛上的毛是什麼？

#雜學　#睫毛

那是貓沒有的「睫毛」

長在人類上眼皮和下眼皮的毛叫做「睫毛」，作用是擋住灰塵，能保護眼睛。

貓的上下眼皮都沒有睫毛。不過，眼皮上有略長的毛對吧？那和人類的睫毛一樣，也有保護眼睛的作用。有些人的睫毛看起來多又長，但那是為了打扮刻意加上去的喔。

貓奴小叮嚀　雖然貓沒有睫毛，但眼皮上有和睫毛相同作用的「輔助睫毛」(accessory eyelashes)。順帶一提，狗的上眼皮有二～四排的睫毛喔，所以牠們不用戴假睫毛了。

每隻貓身上的花紋或顏色不一樣？

＃雜學　＃身體花紋

就算是兄弟姐妹，花紋也會不同

喵友們，請看看你的四周，應該找不到相同顏色或花紋的貓吧，就算是有血緣關係的兄弟姐妹也是。因為和顏色或花紋有關的基因多達二十個以上。每隻貓都很獨特，這也可說是貓的魅力。其實毛色有一定的規則──「從身體上方開始往下出現」。也就是說，肚子上有顏色的貓背上一定也有顏色，鼻子周圍或頭上也容易出現顏色。

貓奴小叮嚀　原本生活在沙漠的貓，為了保持低調，只有褐色的條紋(虎斑)。據說是與人類一同生活後，才有了現在這些花紋。日本貓直到平安時代只有黑色、白黑、虎斑、白虎斑四種花色。

黑貓爸×白貓媽的孩子是什麼顏色？

顏色的基因是如何遺傳的呢？
一起來看看黑貓爸與白貓媽的家譜。

W…全身白的基因
w…不會全身白的基因

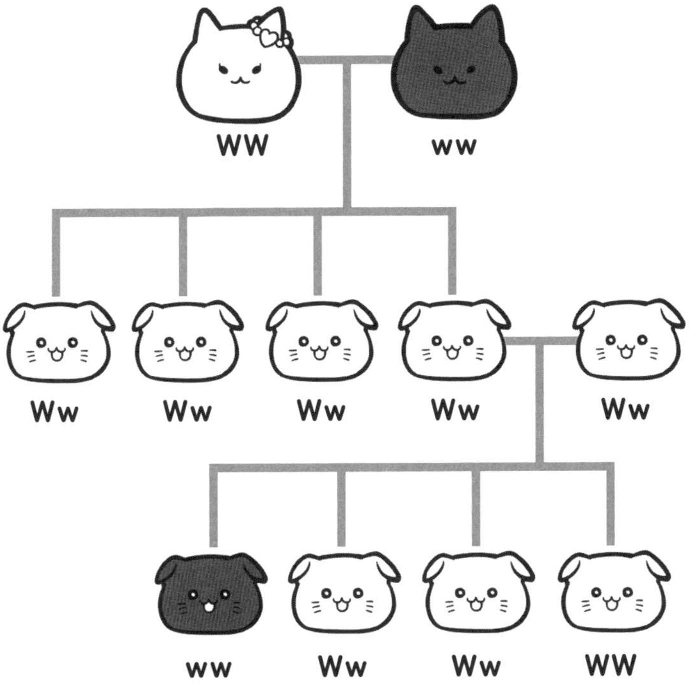

從家譜就能看出，相較於黑色或褐色等其他基因，W是顯性基因。因此，所有的小貓都是白色。不過，在孫子那一代，Ww互相組合也會生出黑貓，這就是隔代遺傳。

我和喵友都是A型

#雜學　#血型

大部分的貓都是A型

請問A型的喵友是哪幾位？幾乎都是啊。那麼，B型的是……英國短毛貓、蘇格蘭摺耳貓。AB型的是……現場沒有。貓的血型主要分為A型和B型，只有極少數是AB型。人類有O型，但貓沒有。血型與居住地區也有關連，日本或美國的貓多為A型，歐洲或澳洲的貓多為B型。

貓奴小叮嚀 貓的血型分為A型、B型、AB型三種，沒有O型。當中八成約是A型。美國短毛貓或暹羅貓、米克斯幾乎都是A型，英國短毛貓等則多為B型。

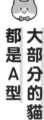

三花貓真的只有母貓嗎？

#雜學 #三花貓

少部分是公貓

三花貓是指身上有白、褐、黑三種毛色的貓，其中大部分是母貓。要成為三花貓，染色體必須有兩個「X」，但公貓的染色體是「XY」只有一個「X」。母貓的染色體是「XX」，所以能夠成為三花貓。不過，染色體發生異常時，就會出現公的三花貓。由於非常稀有，公的三花貓自古被視為吉祥物，過去還曾被高價買賣。

貓奴小叮嚀 三花貓在國外也有許多粉絲。尾巴短、只有臉和尾巴有花紋的三花貓特別受歡迎。三花的羅馬拼音「Mi-ke」在美國也通用，真是國際化的貓啊。

澳洲的貓好可愛

#雜學　#緬甸貓

大眼×小臉的小貓臉

那是「緬甸貓」，日本幾乎沒有，在澳洲是超人氣的貓喔。瞧瞧那可愛的外表多迷人！仔細看看他的臉，真是小巧精緻。而且，眼睛大又圓。就連長鬍鬚的部分也圓圓的，實在好萌！長大後還是那張小貓般的臉。當然，他的魅力不只長相，友善的個性也是擄獲人心的關鍵。

貓奴小叮嚀　在澳洲說到貓，指的就是緬甸貓，由此可知牠有多受歡迎。由於相當親人，又被稱作「小狗貓」。牠們喜歡和人類相處，容易一起生活是擁有高人氣的的祕訣。

為什麼左右眼的顏色不一樣？

#雜學　#虹膜異色症

常見於白貓的「虹膜異色症」

左右眼的顏色不同稱為「虹膜異色症」。那眼睛的顏色為什麼會改變？貓的毛色是依色素細胞的量來決定，白貓的色素細胞被白色基因抑制，所以毛會變白。角膜下的虹彩顏色，也是因為白色基因抑制了色素細胞，因此變成藍色。只有單眼的色素細胞被抑制，就是虹膜異色症。而且，完全沒有色素時血管會透出來，讓眼睛看起來是紅色。

貓奴小叮嚀　白毛藍眼的貓多半聽力不好，這也是白色基因對耳朵造成的影響。聽力不好對生活在野外的貓會成為狩獵的阻礙，但對室內生活的貓，基本上沒有大礙。

我的尾巴彎彎的

#雜學 #麒麟尾

「麒麟尾」是島國貓的特徵

短尾巴是日本貓的特徵，而且尾巴前端像鑰匙一樣彎曲，被稱為「鑰匙尾」，也就是俗稱的麒麟尾。各位喵友都知道，長長的尾巴讓我們能夠保持身體平衡、輕鬆跳躍。換句話說，短尾巴是運動神經的缺陷。在陸地毗連的國外，短尾巴的貓會被其他貓或敵人淘汰。不過，因為日本是島國，所以才能存活至今。

貓奴小叮嚀 基因是導致日本麒麟尾的貓增加的理由之一。麒麟尾是顯性基因，父母當中有一方是麒麟尾，就會生下麒麟尾的孩子。另外，英國曼島的曼島貓（Manx）是沒有尾巴的貓喔。

Column

為什麼長崎縣很多麒麟尾的貓

日本九州（特別是長崎縣）有很多麒麟尾的貓，甚至有調查結果※指出「七成以上的貓是麒麟尾」。為何會有那麼多麒麟尾的貓呢？以下兩種說法最為有力。

1

因為島嶼多

尾巴變短的基因突變造成身體平衡感不佳，在貓群中自然遭到淘汰，但島嶼像是被隔離的環境，因此提高了存活的可能性。長崎縣是日本最多島嶼的地方，所以留下了麒麟尾的基因。

2

由出島移入

以前在日本的鎖國時代，限制與海外的交流。當時唯一有進行貿易的地方是長崎的出島。出入該地的海外船隻將許多有麒麟尾基因的貓帶入長崎。

※　京都大學野澤謙榮譽教授（1990年）、市民團體「長崎彎尾貓學會」（2009年）進行的調查。

關於貓的祖先

#雜學　#祖先

古埃及的非洲野貓（沙漠貓）

「食肉目貓科貓屬家貓亞種」是我們貓族的分類。我們的祖先是名為「非洲野貓」的斑貓，特徵是腳和尾巴比家貓長、耳大。貓開始與人類生活是在西元前四〇〇〇年的埃及。當時因農業發達出現了田地和倉庫，貓來到那些地方捕捉聚集在那兒的老鼠。漸漸地，貓受到人類的喜愛，融入了人類的生活。

貓奴小叮嚀 五千年前的中國農村也有發現曾經與人類共生的「石虎」骨骸。不過，現在的家貓沒有石虎的血統，應該是在某個時期絕種了。

貓本來就住在日本嗎？

#雜學　#來日

據說是平安時代從中國來到日本

根據現有歷史記錄，貓是在平安時代（西元七九四～一一九二年）由中國傳入日本，當時稱作「唐貓」，日本知名古典文學《源氏物語》也有提到。西元九九九年開始在日本進行繁殖，當時僅限宮內，這是日本最早的養貓記錄。但在比平安時代更早的彌生時代（西元前十世紀～西元三世紀中期）的遺跡內也發現了貓的骨骸。也許貓在西元前便已悄悄來到日本。

貓奴小叮嚀 日本第五十九代天皇宇多天皇相當愛貓，他在《寬平御遺誡》中寫道「父親給了我一隻貓，我開始養牠」。那是一隻毛色如墨的黑貓，深獲天皇疼愛。

最近喜歡吃肉勝過魚

#雜學　#飲食嗜好

因為主人的飲食生活改變了

比起魚，更喜歡吃肉的喵友請舉手。哈，超過半數都是啊。有很多日本人都認為「貓＝吃魚」，其實這是因為，日本人過去的飲食是以魚為主，所以貓也跟著吃魚。但飲食西化後，變成以肉為主的飲食生活，於是貓也變得常吃肉。由此可知，主人的飲食生活會影響貓的飲食。

貓奴小叮嚀　美國的貓愛吃肉，義大利等國的漁村的貓愛吃魚，貓真的很聰明，會配合居住地改變主食。雖然不太情願服從人類，但只要有好吃的食物就OK了。

犬科動物的絕種和貓的祖先有關?!

#雜學 #貓犬之爭

貓在生存競爭中獲勝了

貓科動物是地球上最成功的肉食動物，目前有三十七種貓科動物。那麼，犬科動物呢？以前在北美有超過三十種的犬科動物，如今只剩下九種。因為貓移動至北美後，肉食動物的生存競爭變得激烈。最後由狩獵能力出色的貓獲勝。不過，狗現在也和人類一起生活且遍及全球。誰是贏家還說不準。

貓奴小叮嚀 狗和貓都是捕食者，但在亞洲森林中鍛鍊狩獵能力的貓，成為更優秀的狩獵者。從這點看來，貓和狗可說是永遠的競爭對手。

請以OX回答問題

貓學測驗 -後篇-

一起來複習第4章～第6章。

目標是拿到滿分！

第 1 題	很想睡的時候，會睜著眼打**哈欠**。	[　　]	→ 解答・解說 P.114
第 2 題	**腳趾**的數量是前腳5根、後腳4根。	[　　]	→ 解答・解說 P.150
第 3 題	通常每餐飯都會**吃完**。	[　　]	→ 解答・解說 P.98
第 4 題	比起**狹窄的場所**，更喜歡寬廣的場所。	[　　]	→ 解答・解說 P.115
第 5 題	不只嘴巴周圍，身體各處也會長**鬍鬚**。	[　　]	→ 解答・解說 P.154
第 6 題	**三毛貓**只有母貓。	[　　]	→ 解答・解說 P.177
第 7 題	貓是**遠視**。	[　　]	→ 解答・解說 P.133
第 8 題	「**貓砰砰**」是人類保護貓的舉動。	[　　]	→ 解答・解說 P.162

第9題 睡前**搓揉毯子**是因為想起了媽媽。 [　　] →解答・解說 P.117

第10題 貓的兄弟姐妹都是**相同花紋**。 [　　] →答え・解說 P.174

第11題 「**幼貓藍眼**」是小貓時期才有的眼睛顏色。 [　　] →解答・解說 P.134

第12題 所有的**植物**都可以吃。 [　　] →解答・解說 P.166

第13題 不可以吃主人的**衣服**。 [　　] →解答・解說 P.120

第14題 用**氣味**判斷食物的安全。 [　　] →解答・解說 P.144

第15題 每隻貓的**慣用腳**都一樣。 [　　] →解答・解說 P.171

答對11～15題 (表現得非常好)

太棒了！簡直是貓中之貓，你也可以成為貓博士喔。

答對6～10題 (不錯唷)

好可惜。再重讀本書一遍，你一定會拿到滿分！

答對0～5題 (好好加油吧)

我上課的時候，你都在睡吧?!這樣的成績也太糟糕……。

INDEX

#喵言喵語

#貓與人

#貓與貓

#行動

#身體

#雜學

一起來　好 020

當然問貓才清楚！

最誠實的貓咪行為百科【超萌圖解】：日本貓名醫全面解析從叫聲、相處到身體祕密的130篇喵喵真心話

監　修　山本宗伸
譯　者　連雪雅
編　輯　林子揚
編輯協力　許訓彰

總 編 輯　陳旭華
電　郵　steve@bookrep.com.tw
社　長　郭重興
發行人兼出版總監　曾大福
出版單位　一起來出版／遠足文化事業股份有限公司
發　行　遠足文化事業股份有限公司
www.bookrep.com.tw
23141新北市新店區民權路108-2號9樓
電話｜02-22181417　傳真｜02-86671851

封面設計　許立人
排　版　宸遠彩藝

法律顧問　華洋法律事務所　蘇文生律師
初版一刷　2019年4月

定　價　380元

國家圖書館出版品預行編目(CIP)資料

當然問貓才清楚！最誠實的貓咪行為百科【超萌圖解】：日本貓名醫全面解析從叫聲、相處到身體祕密的130篇喵喵真心話/ 山本宗伸監修；連雪雅譯. -- 初版. -- 新北市：一起來出版：遠足文化發行, 2019.04
192面；14.8×21公分. -- (一起來好；20)
譯自：ネコがおしえるネコの本音
ISBN 978-986-96627-7-2(平裝)

1.貓　2.寵物飼養　3.動物行為

437.364　　108001327